高职高专计算机教学改革新体系规划教材

ASP.NET实用教程

（项目教学版）

王志娟 魏宏昌 主编 / 梁晓强 谷建英 李珩 副主编

清华大学出版社
北京

内容简介

ASP.NET是当今流行的Web开发技术之一，在开发领域占据重要的地位。本书以制作一个完整的软件项目为例，主要按照软件开发流程(系统分析、系统设计、系统实施、系统测试和系统部署)安排教学内容。书中介绍了ASP.NET的关键技术以及基于三层架构实现软件项目的常用方法和技巧。全书分为基础篇和实训篇，总共13章。前3章是基础篇，主要对ASP.NET Web应用开发基础知识和三层架构体系进行介绍；第4～13章是实训篇，主要按照软件开发流程详细讲解“新闻发布系统”的开发。

本书提供完备的课程资源支持，可作为高职高专相关院校电子商务、计算机应用技术、软件技术、网络技术等相关专业的教学用书，也可作为相关领域的培训教材和.NET Web程序员的参考用书。

图书在版编目(CIP)数据

ASP.NET实用教程：项目教学版/王志娟，魏宏昌主编.—北京：清华大学出版社，2018(2019.8重印)
(高职高专计算机教学改革新体系规划教材)
ISBN 978-7-302-48888-0

Ⅰ.①A…　Ⅱ.①王…　②魏…　Ⅲ.①主页制作—程序设计—高等职业教育—教材　Ⅳ.①TP393.092

中国版本图书馆CIP数据核字(2017)第287716号

责任编辑：张龙卿
封面设计：常雪影
责任校对：袁　芳
责任印制：丛怀宇

出版发行：清华大学出版社
网　　址：http://www.tup.com.cn，http://www.wqbook.com
地　　址：北京清华大学学研大厦A座　　**邮　　编**：100084
社 总 机：010-62770175　　**邮　　购**：010-62786544
投稿与读者服务：010-62776969，c-service@tup.tsinghua.edu.cn
质量反馈：010-62772015，zhiliang@tup.tsinghua.edu.cn
课件下载：http://www.tup.com.cn，010-62770175-4278
印 装 者：三河市金元印装有限公司
经　　销：全国新华书店
开　　本：185mm×260mm　　**印　张**：11　　**字　　数**：245千字
版　　次：2018年1月第1版　　**印　　次**：2019年8月第2次印刷
定　　价：29.80元

产品编号：077283-01

前　言

ASP.NET是当今使用最为频繁的Web开发技术之一，一直在开发领域占据重要的地位。当前市场上流行的ASP.NET教材大多是以知识学习为主、项目为辅的模式，即使有一些以项目为导向讲解的教程也是因为提供的内容不精细、学生不能用于实践而被放弃，所以我们本着体现“项目驱动式”教学方法的精髓，整个学习过程围绕一个企业的真实项目——“新闻发布系统”展开，按照软件开发流程循序渐进地进行，每个开发阶段都有详细的项目分析、项目实施、常见问题解析和拓展实践指导，非常适合高职院校相关专业的学生学习。

一、本书特色

(1) 本书贯彻基于工作过程的课程设计理念，以职业岗位(群)所需职业能力为框架、以技能训练为主线、以工作实际任务为起点，基于工作过程选择真实项目作为教学载体，详尽地将一个项目的开发过程展示出来，方便学生学习。

(2) 本书将一个完整的项目按照开发过程分成若干个小项目，每个小项目都按照项目分析、项目实施、常见问题解析和拓展实践指导五部分组成。尤其是项目实施部分，图文结合，叙述详细，读者只需按照步骤操作，就可以学习用ASP.NET开发实际项目的流程，并体会独立完成具备一定功能系统的乐趣。

(3) 书中实例的关键代码都带有详细的注释，便于读者理解核心代码的功能和逻辑意义。

(4) 本书所选系统编者在Visual Studio.NET 2012和SQL Server 2008 R2环境下都已经调试通过，读者只要按照我们提供的代码进行编写，便可以很容易地实现项目效果。

二、本书内容

全书共分13章，分别简介如下。

第1章　ASP.NET简介，主要介绍.NET Framework体系结构和ASP.NET概述。

第2章　ASP.NET常用技术，主要介绍数据验证技术、母版页技术、Ajax技术、ASP.NET对象、ADO.NET技术和数据绑定控件相关内容。

第3章　三层体系架构，主要介绍软件体系架构含义、三层体系架构详解等内容。
第4章　“新闻发布系统”系统分析。
第5章　“新闻发布系统”系统设计。
第6章　“新闻发布系统”系统实施——用户管理。
第7章　“新闻发布系统”系统实施——新闻类别管理。
第8章　“新闻发布系统”系统实施——首页设计。
第9章　“新闻发布系统”系统实施——新闻浏览。
第10章　“新闻发布系统”系统实施——新闻管理。
第11章　“新闻发布系统”系统实施——新闻评论管理。
第12章　“新闻发布系统”系统测试。
第13章　“新闻发布系统”系统部署。

其中，前3章为基础篇；第4～13章为实训篇，主要按照软件开发流程详细讲解“新闻发布系统”的开发。

三、本书服务

(1) 本书提供项目相关教学录像视频、课件、单元设计、学生实训任务单、实训指导书等资源。

(2) 为方便解答读者提出的问题，我们建立了QQ交流群：574871000。

四、读者对象

本书以一个企业的真实项目开发为主线，体系结构清晰，实现过程阐述详尽，代码典型实用，适合广大网页设计、网站开发等相关人员阅读，可作为各高职高专院校师生的教学及自学参考书，也可作为社会相关领域培训班的培训教材。另外，本书对高级读者也有一定的参考价值。

本书由王志娟、魏宏昌主编，梁晓强、谷建英、李珩为副主编，王茜、平金珍、班娅萌、魏一搏参编并整理资料和调试代码，在此一并表示感谢。

由于编者水平有限，书中难免存在不妥之处，敬请广大读者批评、指正。

编　者

2017年10月

目　录

▶ 基础篇

基　础　篇

第1章

ASP.NET 简介

1.1 .NET Framework 体系结构

.NET Framework 通常被称为.NET 框架，代表了一个集合、一个环境、一个可以作为平台支持下一代 Internet 的可编程结构。通俗地说，.NET Framework 的作用是为应用程序开发提供一个更简单、快速、高效和安全的平台。

.NET Framework 最初推出的是 1.0 版本，经过 1.1、2.0、3.0、3.5、4.0 版本的更新换代，现在已经到了 4.6 版本。.NET Framework 框架的内容非常丰富和庞大，为便于理解，在此暂不做过多深入的挖掘。.NET Framework 框架的结构如图 1-1 所示。

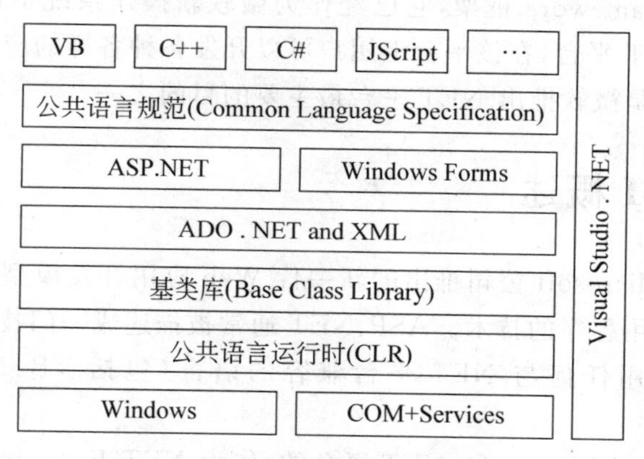

图 1-1 .NET Framework 框架结构

.NET Framework 体系结构中的核心组件是公共语言运行时(Common Language Runtime,CLR)和.NET Framework 类库。

CLR 架构在操作系统之上，是.NET Framework 的基础。在 Microsoft .NET 平台上，所有的语言都是等价的。CLR 负责编译和执行应用程序，以满足所有针对 Microsoft .NET 平台的应用程序的需求，如内存管理、代码验证和优化、安全问题处理以及不同程序语言的整合等，并保证应用和底层操作系统之间必要的分离，从而实现跨平台性。正因为它提供了许多核心服务，才使得应用程序的开发过程得以简化。因此从技术方面来说，.NET 支持的这些语言之间没有很大的区别，使用者可以根据自己熟悉的编程语言进行开发。

开发者面对的是架构在CLR上的基础类库,包含了.NET应用程序开发中所需要的类和方法,可以被任何程序语言所使用。因此,开发者不需要再学习多种对象模型或是对象类库,就可以做到跨语言的对象继承、错误处理及除错,开发者可以自由地选择所偏好的程序语言。无论是基于Windows的应用程序、基于Web的ASP.NET应用程序还是移动应用程序,都可以使用现有的.NET Framework中的类和方法进行开发。

位于框架最上方的是ASP.NET与Windows Forms两个不同的应用程序开发方式,是应用程序开发人员开发的主要对象,也就是通常所说的Web应用程序开发和Windows应用程序开发。

以上叙述的是.NET Framework各版本之间的相同之处,即主要框架结构。主要框架结构从最初的1.0版本到现在的4.6版本,基本上没什么大的变化,只是内容上有所增加。本书中所使用的.NET Framework 4.0是在以前版本的基础上逐步完善而成的,所以保持向下兼容的功能,即用低版本开发的程序仍然可以在.NET Framework 4.0运行环境中执行。

相比之前的版本,.NET Framework 4.0版本在旧版本的基础上提供了新的改进,包括一致的HTML标签、会话状态的压缩、选择性的视图状态、Web表单的路由和映射、简洁的web.config文件、Chart控件等新特性。微软Windows 7及更高版本的操作系统也全面集成了.NET Framework框架,它已经作为微软新操作系统不可或缺的一部分,并已经形成成熟的.NET平台,在该平台上用户可以开发各种各样的应用,尤其是对网络应用程序的开发,这也是微软推出.NET平台最主要的目的之一。

1.2 ASP.NET概述

ASP.NET是Microsoft公司推出的新一代Web应用开发模型,是目前最流行的一种建立动态Web应用程序的技术。ASP.NET通常被描述成一门技术而不是一种语言,这是因为它可以使用任何与.NET平台兼容的语言(包括VB.NET、C#和JScript.NET)创建应用程序。

ASP.NET是基于Microsoft .NET平台的,作为.NET Framework的一部分提供给用户。只有对.NET Framework体系结构有一定的了解,才能更深入地理解ASP.NET是什么。

ASP.NET是.NET Framework的一部分,是实现.NET Web应用程序开发的主流技术,它以尽可能少的代码提供生成企业级Web应用程序所必需的各种服务。开发人员在编写ASP.NET应用程序的代码时,可以直接访问.NET Framework类库,并可以使用与CLR兼容的任何语言编写应用程序代码,这些语言包括VB.NET、C#、JScript.NET和J#等,使用这些语言可以开发基于CLR、类型安全、继承等方面的.NET Web应用程序。

ASP.NET程序开发还得到了微软公司的Visual Studio.NET集成开发环境的支持。通过使用各种控件提供的强大的可视化开发功能,使得开发Web应用程序变得非常简单、高效。

ASP.NET 最常用的开发语言还是 VB.NET 和 C#。C# 相对比较常用，因为它是.NET 独有的语言。VB.NET 适合于以前的 VB 程序员。如果读者是新接触.NET，没有其他开发语言经验，建议直接学习 C#。对于初学者来说，C# 比较容易入门，而且功能强大。本书所有的应用开发都是基于 C# 进行编程的。

ASP.NET 使用代码分离机制将 Web 应用程序逻辑从表示层(通常是 HTML 格式)中分离。通过逻辑层和表示层的分离，ASP.NET 允许多个页面使用相同的代码，从而使维护变得更容易。开发者不需要为了修改一个编程逻辑问题浏览 HTML 代码，Web 设计者也不必为了修正一个页面错误而通读所有代码。

1.3 ASP.NET 站点布局

为了易于使用 Web 应用程序，ASP.NET 保留了一些可用于特定类型内容的文件和文件夹名称。在解决方案资源管理器中，右击所创建的网站，在弹出的快捷菜单中选择“添加 ASP.NET 文件夹”命令，可以根据需要添加特定类型内容的文件和文件夹，如图 1-2 所示。

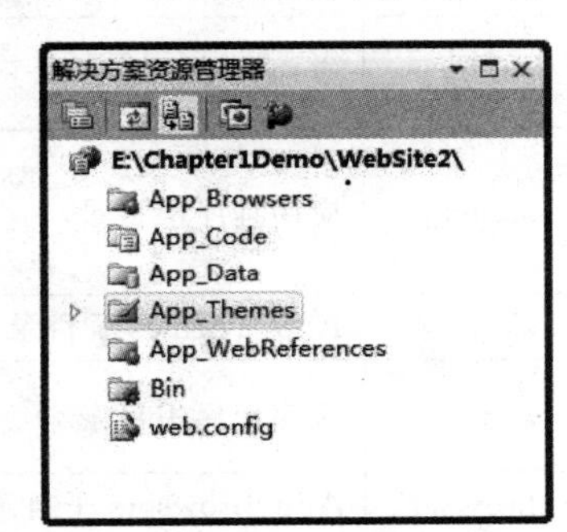

图 1-2 解决方案资源管理器

ASP.NET 识别可用于特定类型内容的某些文件夹名称。ASP.NET 应用程序通常包含的文件夹如下所示。

(1) App_Code：包含作为应用程序进行编译的实用工具类和业务对象的源代码文件。

(2) App_Data：包含应用程序数据文件，包括 MDF 文件、XML 文件和其他数据存储文件。

(3) App_Themes：包含用于定义 ASP.NET 网页和控件外观的文件集合(. skin 文件、. css 文件、图像文件和一般资源)。

(4) App_Browsers：包含 ASP.NET 用于标识个别浏览器并确定其功能的浏览器定义(. browser)文件。

(5) App_WebReferences：包含用于定义在应用程序中使用的 Web 引用的引用协定文件(. wsdl 文件)、架构(. xsd 文件)和发现文档文件(. disco 和. discomap 文件)。

(6) Bin：包含要在应用程序中引用的控件、组件或其他代码的已编译程序集(. dll 文件)。

(7) web. config：应用程序配置文件。

1.4 网站文件类型

Web 应用程序中可以包含多种文件类型，有些文件类型由 ASP.NET 支持和管理，如. aspx、. ascx 等；有些文件类型则由 IIS 服务器支持和管理，如. html、. gif 等。表 1-1 列出了部分 ASP.NET 中常用的文件类型及存储位置和说明。

表 1-1 ASP.NET 管理的主要文件类型

文件类型	存储位置	说明
.aspx	应用程序根目录或子目录	ASP.NET Web 窗体文件(页),该文件可包含 Web 控件和其他业务逻辑
.cs,.jsl	App_Code 子目录;若页面的代码隐藏类文件,则与网页位于同一目录	运行时要编译的类源代码文件。类可以是 HTTP 模块、HTTP 处理程序、ASP.NET 页的代码隐藏文件或包含应用程序逻辑的独立类文件
.ascx	应用程序根目录或子目录	Web 用户控件文件,用于定义可重复使用的自定义控件
.asax	应用程序根目录	通常是指应用程序配置文件 Global.asa。该文件包含应用程序生存期开始或结束时运行的可选方法
.master	应用程序根目录或子目录	母版页,定义应用程序中其他网页的布局
.asmx	应用程序根目录或子目录	XML Web Services 文件
.config	应用程序根目录或子目录	配置文件(通常是 web.config),包含表示 ASP.NET 功能设置的 XML 元素
.sitemap	应用程序根目录	站点地图文件,包含网站的结构。ASP.NET 中附带了一个默认的站点地图提供程序,使用站点地图文件可以很方便地在网页上显示导航控件
.skin	App_Themes 子目录	外观文件
.axd	应用程序根目录	处理程序文件,用于管理网站管理请求,通常为 Trace.axd
.browser	App_Browsers 子目录	浏览器定义文件,用于标识客户端浏览器的功能
.compile	Bin 子目录	预编译的 stub 文件,指向已编译的网站文件的程序集。可执行文件类型(.aspx、.ascx、.master、主题文件)已经过预编译并放在 Bin 子目录下
.csproj	Visual Studio 项目目录	Visual Studio 客户端应用程序项目的项目文件
.dll	Bin 子目录	已编译的类库文件(程序集)
.mdf	App_Data 子目录	SQL 数据库文件,用于 SQL Server Express

1.5 Web 窗体

随着 Web 应用的不断发展,微软在.NET 战略中提出了全新的 Web 开发技术 ASP.NET,并引入了 Web 窗体的概念。窗体界面元素被称为 Web 控件,像 Windows 窗体编程一样,可将 Web 控件拖放至窗体中进行可视化设计,大大提高了 Web 应用的开发效率。

1.5.1 Web 窗体概述

Web 窗体是 ASP.NET 网页的主容器,其页框架可以在服务器上动态生成 Web 页的可缩放公共语言运行库的编程模型。通过该模型不仅可以快速创建复杂的 Web 应用程序界面，而且可以实现功能复杂的业务逻辑和数据库访问。

Web窗体采用代码分离编程模式，由界面元素（HTML、服务器控件和静态文本）和该页的编程逻辑两部分组成。Visual Studio 将这两个组成部分分别存储在单独的文件中，界面元素在一个.aspx文件中创建，代码则位于一个单独的类文件中，该文件称作代码隐藏类文件(.aspx.vb 或 .aspx.cs)。Web窗体主要特点如下。

(1) 基于 Microsoft ASP.NET 技术，在服务器上运行的代码动态生成界面并发送到浏览器或客户端设备输出。

(2) 兼容所有浏览器或移动设备。ASP.NET 界面自动为样式、布局等功能呈现正确的、符合浏览器的 HTML。

(3) Web 窗体可以输出任何支持客户端浏览的语言，包括 HTML、XML 和 Script 等。

(4) 兼容.NET CLR 所支持的任何语言，包括 C#、VB.NET 和 JScript.NET 等。

(5) 基于.NET Framework 生成，具有其托管环境、类型安全性和继承等所有优点。

(6) 灵活性高，可以添加用户创建的控件和第三方控件。

1.5.2 Web窗体的界面语法

Web窗体界面文件的扩展名为.aspx。该文件的语法结构主要由指令、head元素、form元素、Web控件、客户端代码和服务器端代码等组成。

1.5.2.1 指令

窗体文件通常包含一些指令，这些指令允许为该页指定属性和配置信息，但不会作为发送到浏览器标记的一部分被呈现。常见的指令如表1-2所示。

表1-2 指令的主要属性

指令名	说明
@Page	页面指令，定义ASP.NET页分析器和编译器使用的页面特定属性，在Web窗体界面文件的第一行中使用
@Control	用户控件指令，定义自定义用户控件的特定属性，在用户控件界面文件的第一行中使用
@Register	注册指令，在页面中注册其他控件时使用，作用是声明控件的标记前缀和控件程序集的位置
@Master	母版页指令，定义母版页的特定属性，在母版页界面文件的第一行中使用
@OutputCache	缓存指令，指定允许缓存的页面，并设置缓存策略
@Import	导入命名空间指令，使所导入的命令空间的所有类和接口可以在页中使用

呈现给用户的每一个.aspx页面中都包含有@Page指令，其在页面中的声明代码如下：

```
<%@ Page Language="C#" AutoEventWireup="true" CodeFile="Default.aspx.cs"
Inherits="_Default" %>
```

【代码解析】 Language属性指定编程使用的语言，其值可为任何.NET支持的语言；AutoEventWireup属性决定是否自动装载Page_Init和Page_Load方法，该属性默认值为true；CodeFile属性指定与界面文件关联的后台隐藏代码类文件的名称；Inherits定义继承的代码隐藏类的类名。

1.5.2.2 head元素

head表示网页头部，用于存放页面标题、样式表、脚本代码等内容，其中的内容不会直接显示在页面上(标题除外)。

```
<head runat="server">
    <title>页面标题</title>
    <meta http-equiv="Content-Type" conten t="text/html; charset=gb2312" />
    <meta name=" ASP.NET " content="ASP.NET网站开发实例教程" />
    <style type="text/css">
        body{margin:0 auto; font-size:12px;}
    </style>
</head>
```

【代码解析】 第1行runat="server"表示运行在服务器端；第3行声明页面使用的文字为简体中文；第4行为对网页的简要说明；第5～7行定义了页面使用的样式表。

1.5.2.3 form元素

当页面文件包含允许用户与页面交互的服务器控件时，须包含且只包含一个form元素，页面中可执行回发的服务器控件都必须位于form元素之中。form元素还必须包含runat="server"的属性，以允许在服务器代码中以编程方式引用页面上的元素。

```
<form id="form1" action="Test.aspx" method="post" runat="server">
</form>
```

【代码解析】 id表示元素在页面中的唯一标识；action属性用于设置处理表单的页面；method属性用于设置页面如何发送表单数据，值为post时，表示将数据按分段传输方式发送给服务器，值为get时，数据直接依附在表单的URL之后。

1.5.2.4 Web控件

Web控件是在ASP.NET页中用户与页面交互的界面元素，包括HTML控件、HTML服务器控件、Web服务器控件及用户自定义控件。

```
<form id="form1" method="post" runat="server">
    <input id="Button1" type=" button" value="button" />
    <input id="Button2" type="button" value="button" runat="server" />
    <asp:Button ID="Button3" runat="server" Text="Button" />
</form>
```

【代码解析】 第 2 行声明了 HTML 的 Button 控件；第 3 行声明了 HTML 服务器控件，为 HTML 控件添加 runat＝"server"属性，就可以将 HTML 控件转换为 HTML 服务器控件；第 4 行声明了 Web 服务器控件。

1.5.2.5 客户端代码

客户端代码运行在浏览器中，执行客户端代码不需要向服务器回发 Web 窗体。客户端代码支持的语言包括 JavaScript、VBScript、JScript 和 ECMAScript。

```
<script language="javascript" type="text/javascript">
    function button1Click() {
        alert('客户端事件');
    }
</script>
<form id="form1" method="post" runat="server">
    <input id="Button1" type=" button" value="客户端按钮" onclick="return
    button1Click();" />
</form>
```

【代码解析】 第 1 行声明了脚本使用的语言为 JavaScript；第 2～4 行定义了脚本方法 button1Click；第 3 行弹出用户确认对话框；第 7 行声明了 HTML 控件 Button1，其客户端单击事件由 button1Click 方法进行处理。

1.5.2.6 服务器端代码

服务器端代码运行在服务器端，页面代码可以位于 script 元素和代码隐藏类文件中。若位于 script 元素中，则 script 元素的开始标记必须包含 runat＝"server"属性。

```
<script language="c#" runat="server">
    private void Button2_Click(object sender, System.EventArgs e){
        Response.Write("服务器端事件")
    }
</script>
<form id="form1" method="post" runat="server">
    <asp:Button ID="Button2" runat="server" Text="服务器按钮" OnClick="Button2_
    Click" />
</form>
```

【代码解析】 第 1 行声明使用语言为 C#，运行在服务器端；第 2～4 行定义 Button2_Click 事件处理方法；第 3 行向页面输出提示信息；第 7 行声明了 Web 服务器控件

Button2,其单击事件由 Button2_Click 方法进行处理。

1.5.3 Web 窗体的生命周期

Web 窗体的生命周期是指 Web 窗体从实例化分配内存空间到处理结束、释放内存的过程,该过程实质上就是 Web 窗体的事件处理流程。一个 Web 窗体的事件处理流程主要阶段如下。

(1) 页面初始化:完成页面及页面中控件的创建工作,由 Page. PreInit 事件和 Page. Init 事件完成。

(2) 页面装载:完成页面中元素的初始化工作,包括配置控件属性等,由 Page. Load 事件完成。不管页面是第一次被请求还是页面回发,该事件都会被触发。

(3) 事件处理:Web 窗体上的每个动作都激活一个发送给服务器的事件。当单击页面中的按钮、链接时,会调用 JavaScript 方法_doPostBack 触发一次回发。

(4) 资源清理:页面呈现后,将触发 Page. Unload 事件,完成资源清理,如关闭文件、关闭数据库连接等。.NET Framework 提供垃圾回收功能,当垃圾收集器回收页面时,Page. Disposed 事件被触发,此时页面及其中创建的所有对象都会被销毁。

第2章

ASP.NET 常用技术

2.1 数据验证技术

2.1.1 必填验证

必填验证控件,即 RequiredFieldValidator,用于检查是否有输入值。如要求用户在注册页面提交之前必须填写用户名、密码,如果对这些控件进行了必填验证,当文本框为空时,则不能通过验证。

必填验证控件使用的标准代码如下:

```
<ASP:RequiredFieldValidator id="Validator_Name" Runat="Server"ControlToValidate=
"要检查的控件名" ErrorMessage="出错信息" Display="Static | Dymatic | None"></ASP:
RequiredFieldValidator >
```

在以上标准代码中,需要注意的必填验证控件属性如下。

(1) ControlToValidate:表示要进行检查控件的 ID。

(2) ErrorMessage:表示当检查不合法时,出现的错误信息。

(3) Display:错误信息的显示方式。其中 Static 表示控件的错误信息在页面中占有固定位置;Dymatic 表示控件错误信息出现时才占用页面空间;None 表示错误出现时不显示,但是可以在 ValidatorSummary 中显示。

注:对于表单中每一个需要进行必填验证的控件都要添加一个 RequiredFieldValidator 控件进行验证,其他验证控件也都是每个验证控件只能验证一个输入控件。

2.1.2 比较验证

比较验证控件,即 CompareValidator,比较控件的输入是否符合程序设定。大家不要把比较仅仅理解为“相等”(尽管相等是用得最多的),其实,这里的比较范围很广。

比较验证控件的标准代码如下:

```
<ASP:CompareValidator id="Validator_ID" RunAt="Server" ControlToValidate="要
验证的控件 ID"  ErrorMessage="错误信息" ControlToCompare="要比较的控件 ID" Type=
"String | Integer | Double | Date | Currency"
  Operator="Equal | NotEqual | GreaterThan | GreaterThanEqual | LessThan |
LessThanEqual | DataTypeCheck"  Display="Static | Dymatic | None"></ASP:
CompareValidator>
```

在以上标准代码中：

(1) Type 表示要比较的控件内文本的数据类型。其中 String 代表字符串，Integer 代表整数，Double 代表实数，Date 代表日期类型，Currency 代表货币类型。

(2) Operator 表示比较操作(也就是刚才说的为什么比较不仅仅是“相等”的原因)，这里比较有 7 种方式：Equal 指“等于”，NotEqual 指“不等”，GreaterThan 指“大于”，GreaterThanEqual 指“大于等于”，LessThan 指“小于”，LessThanEqual 指“小于等于”，DataTypeCheck 代表只检查数据类型是否一致。

其他属性和必填验证控件相同。

在这里，要注意 ControlToValidate 和 ControlToCompare 的区别。如果 Operate 为 GreateThan，那么，必须 ControlToCompare 大于 ControlToValidate 才是合法的，这样应该能明白它们两者的意义了吧！

2.1.3 范围验证

范围验证控件，即 RangeValidator，验证输入是否在一定范围内。范围用 MaximumValue(最大)和 MinimunValue(最小)确定，标准代码如下：

```
<ASP:RangeValidator id="Vaidator_ID" Runat="Server"
  ControlToValidate="要验证的控件 ID" ErrorMessage="错误信息"
  MaximumValue="最大值" Display="Static | Dymatic | None"
  MinimumValue="最小值" Type="String | Integer | Double | Date | Currency">
</ASP:RangeValidator>
```

在以上代码中，用 MinimumValue 和 MaximumValue 界定控件输入值的范围，用 Type 定义控件输入值的类型。

2.1.4 正则表达式验证

正则表达式验证控件，即 RegularExpressionValidator。它的功能非常强大，可以很容易构造验证方式。先来看看标准代码：

```
<ASP:RegularExpressionValidator id="Validator_ID" RunAt="Server" ErrorMessage=
"错误信息"  ControlToValidate="要验证控件名" ValidationExpression="正则表达式"
Display="Static | Dymatic | None"></ASP:RegularExpressionValidator>
```

在以上标准代码中，ValidationExpression 是重点，现在来看看它的构造，在 ValidationExpression 中，不同的字符表示不同的含义：“.”表示任意字符；“\w”表示任何单词字符(任何字母或数字)；“\W” 表示任何非单词字符(除了字母和数字以外的任何字符)；“[A－Z]”表示任意一个大写字母；“\d”表示任意一个数字；“[]”表示只匹配单个字符，也就是从中选择一个字符匹配；“*”用于和其他表达式搭配，表示 0 到无数次的组合；“{n}”表示它之前的组合必须匹配确定的 n 次，这里的 n 是一个整数；“x|y”表示匹配的组合 x、y 是二选一关系，这里的 x 和 y 代表一个字符或字符组合；“^” 表示以它之后的组合开头；“$”表示以它之后的组合结尾，或者是字符串结尾“\n”之前的最后一个字符。

在以上表达式中，引号不包括在内。举一个例子就明白了：正则表达式：\d. *[A-Z]|@，表示数字开头的任意字符组合其后接一个大写字母或@符号。

2.2 母版页技术

2.2.1 母版页

使用ASP.NET母版页可以为应用程序中的页创建一致的布局。单个母版页可以为应用程序中的所有页(或一组页)定义所需的外观和标准行为，然后创建包含要显示的各个内容页。当用户请求内容页时，这些内容页与母版页合并，将母版页的布局与内容页的内容组合在一起输出。它很好地实现了界面设计的模块化，并且实现了代码的重用。它就像婚纱影楼中的婚纱模板，同一个婚纱模板可以给不同的新人用，只要把他们的照片贴在已有的婚纱模板就可以形成一张漂亮的婚纱照片，这样可以大大简化婚纱艺术照的设计复杂度。这里的母版页就像婚纱模板，而内容页面就像两位新人的照片。

使用母版页的优点如下。

(1) 有利于站点修改和维护，降低开发人员的工作强度。

(2) 有利于实现页面布局。

(3) 提供一种便于利用的对象模型。

母版页为具有扩展名.master的ASP.NET文件。它的使用跟普通的页面一样，可以通过可视化的设计，也可以编写后置代码。与普通页面不一样的是，它可以包含ContentPlaceHolder控件，ContentPlaceHolder控件就是可以显示内容页面的区域。

母版页页面开头代码如下：

```
<%@Master Language="C#" AutoEventWireup="true" CodeFile="MasterPage.master.
cs" Inherits="MasterPage" %>
```

注：这里是以“Master”开头的。

2.2.2 内容页

在创建一个完整的母版页之后，接下来必然要创建内容页。从用户访问的角度讲，内容页与最终结果页的访问路径相同，这好像表明二者是同一文件，实际不然。结果页是一个虚拟的页面，没有实际代码，其代码内容是在运行状态下母版页和内容页合并的结果。

有两个概念需要强调：一是内容页中所有内容必须包含在Content控件中；二是内容页必须绑定母版页。虽然内容页的扩展名与普通ASP.NET页面相同，但是其代码结构有很大差别。在创建内容页的过程中，必须时刻牢记以上两个重要概念。

与创建母版页差不多，创建内容页的过程比较简单。注意一定要选择母版页。

内容页与普通.aspx文件在代码上有很多不同。内容页没有<html>、<body>、<form>等关键Web元素，这些元素都被放置在母版页中。内容页中除了代码头声明，仅包含 Content 控件。内容页的代码头声明与普通.aspx 文件相似,但是新增加了两个属性(MasterPageFile 和 Title)。属性 MasterPageFile 用于设置该内容页所绑定的母版页的路径,属性 Title 用于设置页面标题值。

在创建内容页过程中,由于已经指定了所绑定母版页,Visual Studio 将自动设置 MasterPageFile 属性值。另外,在源代码中,还设置了两个 Content 控件(Content1 和 Content2)。两个控件内部包含的内容是页面的非公共部分。通过设置属性 ContentPlaceHolderID,将 Content1 与母版页的 ContentPlaceHolder1 对应,将 Content2 与母版页的 ContentPlaceHolder2 对应。在页面运行时,Content 控件中包含的内容将显示在母版页中的对应位置。

2.2.2.1 母版页运行机制

母版页仅仅是一个页面模板,并且单独的母版页是不能被用户所访问的。单独的内容页也不能使用。母版页和内容页有严格的对应关系。母版页中包含多少个 ContentPlaceHolder 控件,那么内容页中也必须设置与其相对应的 Content 控件。当客户端浏览器向服务器发出请求,要求浏览某个内容页面时,ASP.NET 引擎将同时执行内容页和母版页的代码,并将最终结果发送给客户端浏览器。

母版页和内容页的运行过程可以概括为以下 5 个步骤。

(1) 用户通过输入内容页的 URL 请求某页。

(2) 获取内容页后,读取@ Page 指令。如果该指令引用一个母版页,也读取该母版页。如果是第一次请求这两个页,则两个页都要进行编译。

(3) 母版页合并到内容页的控件树中。

(4) 各个 Content 控件的内容合并到母版页中相应的 ContentPlaceHolder 控件中。

(5) 呈现得到结果页。

2.2.2.2 母版页和内容页的代码访问

(1) 在母版页中编写后台代码,访问母版页中的控件。

与普通的 aspx 页面一样,双击按钮即可编写母版页中的代码。

(2) 在内容页面中编写后台代码,访问内容页面中的控件。

与普通的 aspx 页面一样,双击按钮即可编写内容页中的代码。

(3) 在内容页面中编写代码访问母版页中的控件。

在内容页面中有个 Master 对象,是 MasterPage 类型,代表当前内容页面的母版页。通过这个对象的 FindControl 方法,可以找到母版面中的控件,这样就可以在内容页面中操作母版页中的控件了。

```
TextBox txt=(TextBox)((MasterPage)Master).FindControl("txtMaster");
txt.Text=this.txtContent1.Text;
```

(4) 在内容页面中编写代码访问母版页中的属性和方法。

仍可通过 Master 对象进行访问,只不过在这里要把 Master 对象转换成具体的母版页类型，然后再调用母版页中的属性和方法。这里要说明的是：母版页中要被内容页面调用的属性和方法必须是 Public 修改的，否则无法调到。

假设母版页中有下面的属性和方法。

```
public string TextValue
    {
        get
        {
            return this.txtMaster.Text;
        }
        set
        {
            this.txtMaster.Text=value;
        }
    }
    public void show(string str)
    {
        txtMaster.Text=str;
    }
```

在内容页面中可以通过下面的代码来实现对母版页中方法的调用。

```
((MasterPage_MP)Master).show(this.txtContent1.Text);
((MasterPage_MP)Master).TextValue=this.txtContent1.Text;
```

(5) 在母版页中访问内容页面的控件。

在母版页中可以通过在 ContentPlaceHolder 控件中调用 FindControl 方法取得控件，然后对控件进行操作。

```
((TextBox)this.ContentPlaceHolder1.FindControl("txtContent1")).Text=this.
txtMaster.Text;
```

(6) 在母版页中访问内容页面中的方法和属性。

在母版页中调用子页面中的属性和方法有点难度，因为无法像上一步中那样通过 FindControl 找到方法和属性。

于是想到在母版页的声明指示符中加入下面的代码。

```
<%@Reference Page="~/MasterPage/Show1.aspx" %>
```

在运行的时候会发现有错误，错误的内容是“无法实现循环引用”。这是因为默认在子页面中引用了母版页，你也就不能再在母版页中引用子页面了。

这时想起 C# 的“反射”，它可以动态获取页面对象，并且可以调用它的属性和方法。

代码如下：

```
Type t=this.ContentPlaceHolder1.Page.GetType();
PropertyInfo pi=t.GetProperty("ContentValue");          //获取 ContentValue 属性
pi.SetValue(this.ContentPlaceHolder1.Page,this.txtMaster.Text,null);  //赋值
MethodInfo mi=t.GetMethod("SetValue");                  //获取 SetValue()方法
object[] os=new object[1];                              //建造输入参数
os[0]=txtMaster.Text;
mi.Invoke(this.ContentPlaceHolder1.Page, os);           //调用 SetValue()方法
```

(7) 在母版页中根据不同的内容页面实现不同的操作。

在母版页中可以加入多个不同的内容页面。但在设计期间,用户无法知道当前运行的是哪个内容页面。所以只能通过分支判断当前运行的是哪个子页面,执行不同的操作。这里也用到了反射的知识。

代码如下:

```
//取出内容页面的类型名称
string s=this.ContentPlaceHolder1.Page.GetType().ToString();
if (s=="ASP.default17_aspx")                    //根据不同的内容页面类型执行不同的操作
{
    ((TextBox) this. ContentPlaceHolder1. FindControl ( " TextBox2")). Text =
    "MastPage";
}
else if (s=="ASP.default18_aspx")
{
   ((TextBox)this.ContentPlaceHolder1.FindControl("TextBox2")).Text="Hello
   MastPage";
}
```

(8) 在母版面与内容页面中 JS 代码的操作。

在母版页或内容页面中的控件运行之后会自动生成 ID,如文本框的 ID 是 txtContent1,在运行之后 ID 会自动变为 ctl00_ContentPlaceHolder2_txtContent1,Name 属性会变为 ctl00$ContentPlaceHolder2$txtContent1。在 JS 代码中,用 document.getElementById()方法,根据 ID 取得控件对象的时候,应当使用 ctl00_ContentPlaceHolder2_txtContent1 这个 ID 名,否则会产生"未找到对象"的异常。

2.3 Ajax 技术

2.3.1 Ajax 运行原理

Ajax 是 Asynchronous JavaScript and XML(异步 JavaScript 和 XML)的缩写,由著名用户体验专家 Jesse-James Garrett 在 2005 年 2 月 18 日首先提出。

Ajax 并不是只包含 JavaScript 和 XML 两种技术。事实上,Ajax 是由 JavaScript、XML、XSLT、CSS、DOM 和 XMLHttpRequest 等多种技术组成的。XMLHttpRequest

对象是 Ajax 的核心，该对象由浏览器中的 JavaScript 创建，负责在后台以异步的方式让客户端连接到服务器。

Ajax 解决的问题主要是提高了 Web 应用程序的速度，不再让用户等待。Ajax 的高明之处在于，它只会将页面中需要更新的部分发送给 Web 服务器处理，并且将处理后的内容发送回客户端浏览器进行局部更新。

作为一种 Ajax 的实现框架，ASP.NET Ajax 应用程序也不例外。ASP.NET Ajax 客户端组件运行于浏览器中，提供管理界面元素、调用服务器端方法取得数据等功能。ASP.NET Ajax 服务端控件则主要为开发者提供一种他们所熟悉的、与 ASP.NET 一致的服务器端编程模型。这些服务器控件将在运行时自动生成 ASP.NET Ajax 客户端组件，并同样发送至客户端浏览器执行。

2.3.1.1 客户端框架

(1) Microsoft Ajax Library

Microsoft Ajax Library(Microsoft Ajax 库)，由一组 JavaScript 文件组成。这些文件可以独立于服务器使用。组成部分如下。

① 组件层：完成核心库的大部分主要工作，提示了 JSON 串行化、网络通信、本地化、DOM 交互和 ASP.NET 应用服务(如验证与个性化)，还引入了构建可重用模块的概念。

② 类型系统：主要目标在 JavaScript 中引入大家熟悉的面向对象的概念，如类、继承、接口和事件处理。这一层还扩展了现有的 JavaScript 类型，如 string Array 等。

③ 应用层：类似于 ASP.NET 中的页面生命周期，提供了一个事件驱动编程模型，可用来在浏览器中处理 DOM 元素、组件和应用程序的生命周期。

(2) HTML、JavaScript、XML Script

XML Script 是一种基于 XML 的新声明式语法。

(3) ASP.NET Ajax 服务代码

可以通过一组由服务器生成的客户端代理调用 Web 服务。

2.3.1.2 服务器框架

(1) ASP.NET Ajax 服务器控件

主要由两个控件驱动，分别是 ScriptManager 和 UpdatePanel。

① ScriptManager 是 Ajax 页面的“大脑中枢”，主要协调页面上的异步回送期间动态更新各个区域。

② UpdatePanel 用于定义页面上指定为部分更新的区域。

(2) Web 服务桥

可以创建一个网关，从而允许从客户端脚本调用外部 Web 服务。

(3) 应用服务桥

实现在一个原有的应用中访问某个应用服务(如验证和个性化服务)，几乎不费吹灰之力。利用这个特性可以完成很多任务，如验证一个用户的凭证，访问其个性化信息并从客户端脚本出发。

2.3.2 Ajax 服务器控件

在 ASP.NET 3.5 之前,ASP.NET 自身并不支持 Ajax 的应用。Visual Studio 2008 之后就将 Ajax 服务器控件集成到开发环境的“工具箱”里了。

从图 2-1 中可看到 Ajax 服务器控件主要包括 ScriptManager 控件、UpdatePanel 控件、Timer 控件、UpdateProgress 控件和 ScriptManagerProxy 控件,下面分别介绍这几个控件的使用方法。

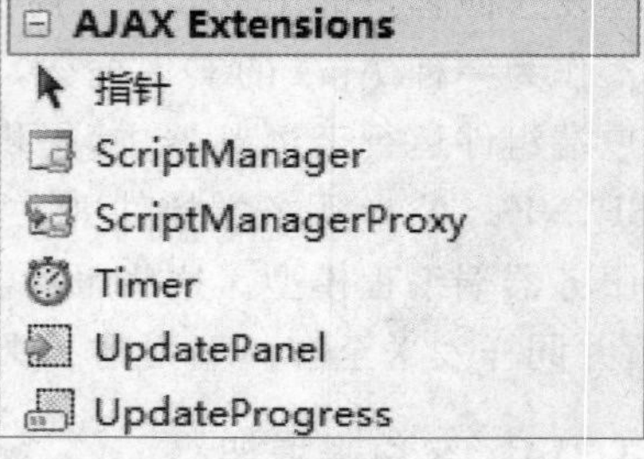

图 2-1 Ajax 服务器控件

2.3.2.1 ScriptManager 控件

ScriptManager 控件是 ASP.NET AJAX 的核心组件,是放置在 Web 窗体上的服务器端控件,在 ASP.NET AJAX 中发挥核心作用。其主要任务是调解 Web 窗体上的所有其他 ASP.NET AJAX 控件,并将适当的脚本库添加到 Web 浏览器中,从而使 ASP.NET AJAX 的客户端部分能够正常工作。用户可以使用 ScriptManager 控件注册其他控件、Web 服务和客户端脚本。

ScriptManager 控件用来处理页面上的局部更新。对页面进行全局管理时,每个要使用 AJAX 功能的页面都需要使用一个 ScriptManager 控件,且只能被使用一次。其代码如下:

```
<asp:ScriptManager ID="ScriptManager1" runat="server">
</asp:ScriptManager>
```

ScriptManager 控件的几个基本属性如表 2-1 所示。

表 2-1 ScriptManager 控件的几个基本属性

属 性 名	描 述
AsyncPostBackErrorMessage	表示在异步回送过程中发生的异常将显示出的消息
AsyncPostBackTimeout	异步回传时超时限制,默认值为 90,单位为秒
EnablePageMethods	该属性用于设定客户端 JavaScript 代码直接调用服务端静态 WebMethod
EnablePartialRendering	可以使页面的某些控件或某个区域实现 AJAX 类型的异步回送和局部更新功能,默认值为 true。当属性设置为 false 时,则整个页面将不进行局部更新从而失去 AJAX 的效果
LoadScriptBeforeUI	是否需要在加载 UI 控件前首先加载脚本,默认为 false
ScriptMode	指定 ScriptManager 发送到客户端的脚本的模式,有 4 种模式:Auto、Inherit、Debug 和 Release,默认值为 Auto
ScriptPath	设置所有的脚本块的根目录作为全局属性,包括自定义的脚本块或者引用第三方的脚本块

2.3.2.2　UpdatePanel 控件

UpdatePanel 控件能保存回送模型，允许执行页面的局部刷新。使用 UpdatePanel 控件时，整个页面中只有 UpdatePanel 控件中的服务器控件或事件进行刷新操作，而页面的其他地方则不会被刷新。

UpdatePanel 控件主要属性如下。

(1) RenderMode 属性，指明 UpdatePanel 控件内呈现的标记是<div>或<span>。值为 Block 代表<div>标签，值为 Inline 代表<span>标签。

(2) UpdateMode 属性，指明内容模板的更新模式，有 Always 和 Conditional 两种。Always 模式指每次提交后，若页面有多个 UpdatePanel 都会被连带异步更新；Conditional 模式会避免连带受到其他 UpdatePanel 的影响。

(3) ChildrenAsTriggers 属性，指明在 UpdatePanel 控件的子控件的回发中是否导致 UpdatePanel 控件的更新，默认值为 true。

(4) EnableViewState 属性，指明是否自动保存其往返过程的值。

UpdatePanel 控件通过<ContentTemplate>和<Triggers>标签处理页面上引发异步页面回送的控件。开发人员只要在异步页面回送过程中，将需要修改的控件包含在<ContentTemplate>标签中，就能够实现这些控件的页面无刷新的更新操作。<Triggers>标签指定引发异步页面回送的各种触发器。<Triggers>部分包含 AsyncPostBackTrigger 控件，用来指定某个服务器控件，以及将其触发的服务器事件作为 UpdatePanel 异步更新的一种触发器。它包含 ControlID 和 EventName 两个属性，用于把按钮控件与触发器关联，进行异步回送。

ControlID 属性的值是要用作异步页面回送的触发器的控件。

EventName 属性值是 ControlID 指定的控件的事件名，该事件要在客户端的异步请求中调用。

PostBackTrigger 控件用来指定在 UpdatePanel 中的某个控件，并指定其控件产生的事件将使用传统的回发方式进行回发。当使用 PostBackTrigger 控件进行控件描述时，该控件产生了一个事件，此时页面并不会异步更新，只会使用传统的方法进行页面刷新。

举例说明，几乎所有的网页浏览者都有会员注册的经历。当浏览者将注册信息填写完后，单击“注册”按钮，注册页面提交至服务器处理，如果用户名在数据库中不存在，则注册成功；否则页面返回，提示注册不成功，这时浏览者要对若干注册信息进行重新填写和提交，给用户体验造成了困扰。本实例通过 ASP.NET 提供的 AJAX 控件，实现会员注册时用户名无刷新的验证，提升用户访问 Web 页面的体验。

页面布局及控件设置对应的源代码如下：

```
<%@ Page Language="C#" AutoEventWireup="true"  CodeFile="UserCheck.aspx.cs"
Inherits="_Default" %>

<!DOCTYPE html PUBLIC "-//W3C //DTD XHTML 1.0 Transitional //EN" "http://www.w3.
org/TR/xhtml1/DTD/xhtml1-transitional.dtd">
```

```
<html xmlns="http://www.w3.org/1999/xhtml">
<head runat="server">
    <title>无刷新用户名验证</title>
</head>
<body>
    <form id="form1" runat="server">
    <div align="center">
    <style type="text/css">
    body
    {
        font-size:12px;
        font-family:宋体;
    }
    .td_content
    {
        border-bottom-style: solid;
        border-bottom-width: 1px;
        border-bottom-color: black;
        height:25px;
    }

    .textbox_content
    {
        width:150px;
    }
    </style>
    <table style="width:300px; text-align: left;" cellpadding="0" cellspacing=
    "0">
        <tr>
            <td colspan="2"
                style="" class="td_content">
                <asp:Label ID="lblUser" runat="server" Font-Bold="True" Text=
                "[用户注册]"
                    style="color: #003366"></asp:Label>
            </td>
        </tr>
        <tr>
            <td colspan="2" class="td_content">
                 <asp:Label ID="Label2" runat="server" Text="以下为必填项"
                 style="color: #FF0066"></asp:Label>
            </td>
        </tr>
        <tr>
            <td class="td_content">
                <asp:Label ID="Label3" runat="server" Text="用户名: "></asp:
                Label>
            </td>
            <td class="td_content">
```

```
            <asp:TextBox ID="txtUName" runat="server" CssClass="textbox_
            content"
                AutoPostBack="True" ontextchanged="txtUName_TextChanged">
            </asp:TextBox>
            <asp:RequiredFieldValidator ID="RequiredFieldValidator1"
            runat="server"
                ControlToValidate="txtUName" ErrorMessage="必须填写用户名">*
            </asp:RequiredFieldValidator>
                <asp:ScriptManager ID="ScriptManager1" runat="server">
                </asp:ScriptManager>
<asp:UpdatePanel ID="UpdatePanel1" runat="server">
                <ContentTemplate>
                <%--<asp:UpdateProgress ID="UpdateProgress1" runat="server">
                    <ProgressTemplate>
                        正在进行用户名检验...
                    </ProgressTemplate>
                  </asp:UpdateProgress>--%>
                  <asp:Label ID="Label1" runat="server" Text=""></asp:Label>
              </ContentTemplate>
              <Triggers>
                  <asp:AsyncPostBackTrigger ControlID="txtUName" EventName=
                  "TextChanged" />
              </Triggers>
</asp:UpdatePanel>

        </td>
    </tr>
        <tr>
              <td class="td_content">
                <asp:Label ID="Label4" runat="server" Text="密码："></asp:
                Label>
              </td>
              <td class="td_content">
                  <asp:TextBox ID="TextBox2" runat="server" TextMode=
                  "Password"
                      CssClass="textbox_content"></asp:TextBox>
                                  < asp: RequiredFieldValidator  ID ="
                                  RequiredFieldValidator2 "   runat   ="
                                  server"
                     ControlToValidate="TextBox2" ErrorMessage="必须填写密
                     码">*</asp:RequiredFieldValidator>
              </td>
          </tr>
          <tr>
              <td class="td_content">
                  <asp:Label ID="Label5" runat="server" Text="确认密码：">
                  </asp:Label>
              </td>
              <td class="td_content">
```

```
                <asp:TextBox ID="TextBox3" runat="server" TextMode=
                "Password"
                 CssClass="textbox_content"></asp:TextBox>
            <asp:RequiredFieldValidator ID="RequiredFieldValidator3"
            runat="server"
                ControlToValidate="TextBox3" ErrorMessage="必须填写确
                认密码"> * </asp:RequiredFieldValidator>
               <asp:CompareValidator ID="CompareValidator1" runat=
               "server"
                    ControlToCompare="TextBox2" ControlToValidate=
                    "TextBox3"
                    ErrorMessage="密码和确认密码必须一致"> * </asp:
                    CompareValidator>
            </td>
        </tr>
        <tr>
            <td class="td_content">
              <asp:Label ID="Label6" runat="server" Text="以下为选填
              项" style="color: #FF0066"></asp:Label>
            </td>
            <td class="td_content">
                 </td>
        </tr>
        <tr>
            <td class="td_content">
                <asp:Label ID="Label12" runat="server" Text="姓名：">
               </asp:Label>
            </td>
            <td class="td_content">
                <asp:TextBox ID="TextBox4" runat="server" CssClass=
                "textbox_content"></asp:TextBox>
            </td>
        </tr>
        <tr>
            <td class="td_content">
                <asp:Label ID="Label7" runat="server" Text="性别：">
                </asp:Label>
            </td>
            <td class="td_content">
                <asp:RadioButtonList ID="RadioButtonList1" runat=
                "server"
                    RepeatDirection="Horizontal">
                    <asp:ListItem Selected="True">男</asp:ListItem>
                    <asp:ListItem>女</asp:ListItem>
                </asp:RadioButtonList>
            </td>
        </tr>
        <tr>
```

```
            <td class="td_content">
                <asp:Label ID="Label8" runat="server" Text="年龄：">
                </asp:Label>
            </td>
            <td class="td_content">
                <asp:TextBox ID="TextBox5" runat="server" CssClass=
                "textbox_content"></asp:TextBox>
                    <asp:RangeValidator ID="RangeValidator1" runat=
                    "server"
                    ControlToValidate="TextBox5" ErrorMessage="必须填
                    写有效的年龄" MaximumValue="100"
                    MinimumValue=" 1 "  Type =" Integer " >  *  </asp:
                    RangeValidator>
            </td>
        </tr>
        <tr>
            <td class="td_content">
                <asp:Label ID="Label9" runat="server" Text="手机号
                码：" ></asp:Label>
            </td>
            <td class="td_content">
                <asp:TextBox ID="TextBox6" runat="server" CssClass=
                "textbox_content"></asp:TextBox>
                <asp: RegularExpressionValidator  ID =" RegularExpression
                Validator3" runat="server"
                    ErrorMessage="手机号码不正确" ValidationExpression=
                    "[1][3,5,8]\d{9}"
                    ControlToValidate=" TextBox6 " >  *  </asp: Regular
                    ExpressionValidator>
            </td>
        </tr>
        <tr>
            <td class="td_content">
                <asp:Label ID="Label10" runat="server" Text="Email: ">
                </asp:Label>
            </td>
            <td class="td_content">
                <asp:TextBox ID="TextBox7" runat="server" CssClass=
                "textbox_content"></asp:TextBox>
                <asp: RegularExpressionValidator  ID =" RegularExpression
                Validator1" runat="server"
                    ControlToValidate="TextBox7" ErrorMessage="必须填
                    写有效的 E-mail"
                    ValidationExpression="\w+([-+.']\w+)*@\w+([-.]\w+)*
                    \.\w+([-.]\w+)*"> * </asp:RegularExpressionValidator>
            </td>
        </tr>
        <tr>
```

```
                    <td class="td_content">
                        <asp:Label ID="Label11" runat="server" Text="QQ: ">
                        </asp:Label>
                    </td>
                    <td class="td_content">
                        <asp:TextBox ID="TextBox8" runat="server" CssClass=
                        "textbox_content"></asp:TextBox>
                        <asp: RegularExpressionValidator  ID =" RegularExpression
                        Validator2" runat="server"
                            ControlToValidate="TextBox8" ErrorMessage="必须是有
                            效的 QQ 号码"
                            ValidationExpression="\d +" >  *  </asp: Regular
                            ExpressionValidator>
                    </td>
                </tr>
                <tr>
                    <td>
                         </td>
                    <td>
                        <asp:Button ID="Button1" runat="server" Text="注 册"
                        onclick="Button1_Click" /> 
                          <input id="Reset1" type="reset" value="重 置" />
                          <asp:ValidationSummary
                            ID=" ValidationSummary1 "  runat  ="  server "
                            ShowMessageBox="True"
                            ShowSummary="False" />
                    </td>
                </tr>
            </table>
        </div>
        </form>
</body>
</html>
```

注册按钮的单击事件代码及姓名文本框的文本变化时代码如下：

```
protected void Button1_Click(object sender, EventArgs e)
    {
        if (Page.IsValid)
        {
            ClientScript.RegisterStartupScript(GetType(),"", "<script>alert
            ('验证成功!')</script>");
        }
    }
    protected void txtUName_TextChanged(object sender, EventArgs e)
    {
        Label1.Text="";
```

```
        System.Threading.Thread.Sleep(2000);
        if (checkUName(txtUName.Text)==1)
            Label1.Text="该用户名已经存在";
        else
            Label1.Text="该用户名不存在,可以注册";
    }
    protected int checkUName(string uName)
    {
        int flag=0;
          string connstr = ConfigurationManager.ConnectionStrings["smdb"].
          ConnectionString;
        using (SqlConnection conn=new SqlConnection(connstr))
        {
            conn.Open();
            SqlCommand cmd=new SqlCommand("upCheckUName", conn);
            cmd.Connection=conn;
            cmd.CommandType=CommandType.StoredProcedure;
            SqlParameter ps=new SqlParameter("@uName",uName);
            cmd.Parameters.Add(ps);
            flag=(int)cmd.ExecuteScalar();
        }
        return flag;
}
```

2.3.2.3 Timer 控件

Timer 控件可以使应用程序方便有效地对系统时间进行控制。Timer 控件能够在一定的时间间隔内触发某个事件。

Timer 控件的主要属性如下。

(1) Enabled 属性,是否启用了 Tick 事件引发。

(2) Interval 属性,设置 Tick 事件之间的连续时间,单位为毫秒。

如果要实现时钟的无刷新变化,还需要将该控件放置于有 ScriptManage 控件进行页面全局管理的页中,并使用 UpdatePanel 控件,实现时钟的局部更新。

以下实例将通过 Timer 控件的使用轻松实现网站时钟显示。

```
<%@ Page Language="C#" AutoEventWireup="true"  CodeFile="Clock.aspx.cs"
Inherits="_Default" %>
<!DOCTYPE html PUBLIC "-//W3C //DTD XHTML 1.0 Transitional//EN" "http://www.w3.
org/TR/xhtml1/DTD/xhtml1-transitional.dtd">
<html xmlns="http://www.w3.org/1999/xhtml">
<head runat="server">
    <title>时钟显示</title>
</head>
<body>
```

```
        <form id="form1" runat="server">
        <div>
            <asp:ScriptManager ID="ScriptManager1" runat="server">
            </asp:ScriptManager>
            <asp:UpdatePanel ID="UpdatePanel1" runat="server">
                <ContentTemplate>
                    <asp:Label ID="Label1" runat="server" Text="Label"></asp:Label>
                    <asp:Timer ID="Timer1" runat="server" Interval="1000" ontick=
                    "Timer1_Tick">
                    </asp:Timer>
                </ContentTemplate>
            </asp:UpdatePanel>
        </div>
        </form>
    </body>
    </html>
```

对应代码如下:

```
protected void Page_Load(object sender, EventArgs e)
{
    Label1.Text=DateTime.Now.ToString();
}
protected void Timer1_Tick(object sender, EventArgs e)
{
    Label1.Text=DateTime.Now.ToString();
}
```

2.3.2.4 UpdateProgress 控件

当服务器与客户端进行异步通信时,UpdateProgress 控件给终端用户显示一个可视化元素,提示页面局部回送过程正在进行。

其 HTML 标签代码如下:

```
<asp:UpdateProgress ID="UpdateProgress1" runat="server">
    <ProgressTemplate>
        正在进行提交...
    </ProgressTemplate>
</asp:UpdateProgress>
```

如果要实现无刷新变化,要把 UpdateProgress 控件放到 UpdatePanel 控件中使用。

2.3.2.5 ScriptManagerProxy 控件

在 Web 应用的开发过程中,常常通过母版页为应用程序中的页创建一致布局。母版页与内容页可以一同组合成一个新页面呈现在客户端浏览器中。如果在母版页中使用了 ScriptManager 控件,而在内容页中也使用 ScriptManager 控件,整合在一起的页面就会出现异常。

如果在母版页中使用了 ScriptManager 控件,内容页必须通过 ScriptManagerProxy 控件支持内容页的 Ajax 应用。

2.4 ASP.NET 对象

2.4.1 Response 对象

Response 对象用于将数据从服务器发送回浏览器。它允许将数据作为请求的结果发送到浏览器中,并提供相关响应的信息,包括向浏览器输出数据、重定向浏览器到另一个 URL 或者停止输出数据。

Response 对象是属于 Page 对象的成员,不用声明便可以直接使用。其对应 HttpResponse 类,命名空间为 System. Web。它也与 HTTP 协议响应消息对应。

2.4.1.1 Response 对象的常用属性

Response 对象的常用属性如表 2-2 所示。

表 2-2 Response 对象的常用属性

属性	说明
Cache	获取 Web 页的缓存策略
Charset	设置或获取 HTTP 的输出字符编码
Expires	设置或获取在浏览器上缓存的页过期之前的分钟数
Cookies	获取当前请求的 Cookie 集合
SuppressContent	设定是否将 HTTP 的内容发送至客户端浏览器,若为 true,则网页将不会发送至客户端

2.4.1.2 Response 对象的常用方法

Response 对象的常用方法如表 2-3 所示。

表 2-3 Response 对象的常用方法

方法	说明
Clear	将缓冲区的内容清除
End	将目前缓冲区中所有的内容发送至客户端后关闭
Flush	将缓冲区中所有的数据发送至客户端
Redirect	将网页重新导向另一个地址
Write	将数据输出到客户端
WriteFile	将指定的文件直接写入 HTTP 内容输出流

2.4.1.3 向浏览器输出数据

在 Web 开发中使用 Response 最频繁的语句是显示文本，还可以将 HTML 标记输出到客户端浏览器，也可输出 JavaScript 脚本。例如：

```
Response.Write("这是向浏览器输出的字符串");
Response.Write("<h2>软件技术</h2>");
Response.Write("<script language=\"javascript\">alert('欢迎使用 ASP.NET')
</script>");
```

2.4.1.4 页面重定向

Response 对象的 Redirect 方法用于实现页面重定向，该方法可以由一个页面地址跳转到另一个页面地址或 URL 地址。下面的代码表示从当前页跳转到名为 Index. aspx 的页面。

```
Response.Redirect("Index.aspx");
```

通常，从一个页面跳转至另一页面时，还需要传递一些信息，Response. Redirect 方法在页面跳转时，可以向另一页面传递一些参数，例如：

```
Response.Redirect("Index.aspx?uName=xiaoli");
```

2.4.2 Request 对象

Request 对象主要用于从客户端获取数据，当用户打开 Web 浏览器并从网站请求 Web 页时，Web 服务器就收到一个 HTTP 请求。

Request 对象是 HttpRequest 类的一个实例，命名空间为 System. Web。它提供对当前页请求的访问，包括标题、Cookie、客户端证书以及查询字符串等。

2.4.2.1 Request 对象的常用属性

Request 对象的常用属性如表 2-4 所示。

表 2-4 Request 对象的常用属性

属　性	说　明
ApplicationPath	获取服务器上 ASP.NET 应用程序虚拟应用程序的根目录路径
Browser	获取或设置有关正在请求的客户端浏览器的功能信息
Cookies	获取客户端发送的 Cookie 集合
FilePath	获取当前请求的虚拟路径
Files	获取采用大部分 MIME 格式的由客户端上载的文件集合
Form	获取窗体变量集合

续表

属　性	说　明
Params	获取 QueryString、Form、ServerVariables 和 Cookies 项的组合集合
Path	获取当前请求的虚拟路径
QueryString	获取 HTTP 查询字符串变量集合
Url	获取有关当前请求的 URL 的信息
UserHostAddress	获取远程客户端 IP 主机地址
UserHostName	获取远程客户端 DNS 名称

2.4.2.2 Request 对象的常用方法

Request 对象的常用方法如表 2-5 所示。

表 2-5 Request 对象的常用方法

方　法	说　明
MapPath	将请求的 URL 中的虚拟路径映射到服务器上的物理路径
SaveAs	将 HTTP 请求保存到磁盘

2.4.2.3 获取表单的数据

使用 Request 对象的 Form 属性可以获取来自表单的数据，实现信息的提交和处理。

(1) 获取查询字符串的数据

Request 对象通过 QueryString 属性来获取 HTTP 查询字符串变量集合。传递的变量名和值由"?"后的内容指定。

```
Response.Redirect("Index.aspx?uName=xiaoli");
```

上述代码将向 Index.aspx 页传递一个名为"uName"的变量，值为"xiaoli"。如要在 Index.aspx 页中获得参数 uName 的值，只须在 Index.aspx 页面加载事件添加代码。

```
protected void Page_Load(object sender, EventArgs e)
{
    if (Request.QueryString["uName "] !=null)        //判断参数值是否为空
        Response.Write("Hello,"+Request.QueryString["uName"]);
}
```

(2) 获取计算机和浏览器的相关数据

通过 Request 对象的 Browser 属性获取客户端浏览器信息，例如：

```
protected void Page_Load(object sender, EventArgs e)
{
    HttpBrowserCapabilities b=Request.Browser;
```

```
    Response.Write("客户端浏览器信息："+"<hr>");
    Response.Write("名称："+b.Browser+"<br>");
    Response.Write("版本："+b.Version+"<br>");
    Response.Write("操作平台："+b.Platform+"<br>");
    Response.Write("是否支持框架："+b.Frames+"<br>");
    Response.Write("是否支持 Cookies："+b.Cookies+"<br>"+"<hr>");
}
```

2.4.3 Session 对象

Session 对象在服务器端存储特定的用户会话所需的信息。它是 HttpSessionState 类的一个实例。

当多个用户使用同一个应用程序时，每个用户都将拥有各自的 Session 对象，且这些 Session 对象相互独立、互不影响。

2.4.3.1 Session 对象的常用属性

Session 对象的常用属性如表 2-6 所示。

表 2-6 Session 对象的常用属性

属 性	说 明
Contents	确定指定会话的值或遍历 Session 对象的集合
SessionID	标识每一个 Session 对象
TimeOut	设置 Session 会话的超时时间，默认值为 20 分钟

2.4.3.2 Session 对象的常用方法

Session 对象的常用方法如表 2-7 所示。

表 2-7 Session 对象的常用方法

方 法	说 明
Add	创建一个 Session 对象
Abandon	结束当前会话并清除对话中的所有信息。如果用户重新访问页面，则重新创建会话
Remove	删除会话集合中的指定项
RemoveAll	清除所有 Session 对象
Clear	清除所有的 Session 对象变量，但不结束会话

2.4.3.3 设置和使用 Session 对象

(1) 设置 Session

① 使用键值对。

```
Session["变量名"]="值";
Session["uName"]="张三";
```

② 使用该对象 Add 方法。

```
Session.Add("uName","张三");
```

(2) 访问 Session

```
if(Session["uName"]!=null)
{
    string strVipName=Session["uName"].ToString();
}
```

(3) 设置 Session 的有效期

默认情况下,如果用户在 20 分钟内没有请求页面,会话就会超时。可以通过编写代码设置 Session 对象的 Timeout 属性,设置会话状态过期时间。例如:

```
Session.Timeout=1;
```

修改 Web.config 设置会话状态:

```
<configuration>
<system.web>
    <sessionState mode="InProc" timeout="1"/>
</system.web>
</configuration>
```

(4) 删除会话状态中的项

Remove、RemoveAt、Clear 和 RemoveAll 这些方法只会从会话状态中删除缓存项,会话并未结束。

调用 Abandon 方法后,ASP.NET 就会注销当前会话,清除所有有关该会话的数据。如果再次访问该 Web 应用系统时,将开启新的会话。

2.4.4 Cookie 对象

Cookie 是 Web 服务器保存在客户端计算机上的一段文本,允许一个 Web 站点在用户的计算机上保存信息并读取它。

Cookie 对象的优点主要有以下几点。

(1) 能使站点跟踪特定访问者的访问次数,最后访问者和访问者进入站点的路径。

(2) 可配置到期规则。

(3) 不需要任何服务器资源。

(4) 简单性。

(5) 数据持久性。

2.4.4.1 Cookie对象的常用属性

Cookie对象的常用属性如表2-8所示。

表2-8 Cookie对象的常用属性

属 性	说 明
Name	获取Cookie变量的名称
Value	获取或设置Cookie变量的值
Expires	设定Cookie的过期时间,默认值为1000毫秒,若设为0,则实时删除Cookie
Path	获取或设置要与当前Cookie一起传输的虚拟路径
Version	获取或设置Cookie符合HTTP维护状态的版本

2.4.4.2 Cookie对象的常用方法

Cookie对象的常用方法如表2-9所示。

表2-9 Cookie对象的常用方法

方 法	说 明
Add	增加Cookie变量
Remove	通过Cookie变量名称或索引删除Cookie对象
Get	通过变量名称或索引得到Cookie的变量值
Clear	清除所有的Cookie

2.4.4.3 编写Cookie

Cookie对象由Cookies对象来管理,每个Cookie是HttpCookie类的一个实例。

创建Cookie时,需要指定Cookie的名称、值和过期时间等信息。每个Cookie必须有一个唯一的名称,以便以后从浏览器读取Cookie时可以识别它。

由于Cookie是按名称存储的,因此,用相同名称命名的两个Cookie会导致先前同名的Cookie被覆盖。

2.4.4.4 通过键/值添加Cookie

```
Response.Cookies["uName"].Value="xiaoli";
Response.Cookies["uName"].Expires=DateTime.Now.AddDays(1);
```

2.4.4.5 新建HttpCookie对象添加Cookie

Cookie是HttpCookie类的一个实例,创建HttpCookie对象后,再调用Response.Cookies集合的Add方法添加Cookie。

```
HttpCookie aCookie=new HttpCookie("pwd");
aCookie.Value="admin";
aCookie.Expires=DateTime.Now.AddDays(1);
Response.Cookies.Add(aCookie);     //将 Cookie 添加到 Cookies 集合中
```

2.4.4.6 读取 Cookie

可通过 HttpRequest 对象公开的 Cookies 集合进行访问，例如：

```
string name;
if (Request.Cookies["uName"] !=null){
    name=Request.Cookies["uName "].Value;
}
```

2.4.4.7 添加多值 Cookie

例如编写一个多值 Cookie 用来存储用户名和密码两个信息。

```
Response.Cookies["userInfo"]["uName"]="xiaoli";
Response.Cookies["userInfo"]["pwd"]="admin";
Response.Cookies["userInfo"].Expires=DateTime.Now.AddDays(1);
```

2.4.4.8 读取多值 Cookie 值

读取多值 Cookie 的方法和读取单值 Cookie 类似，只需要访问 Cookie 的子键值即可。

```
string name;
if (Request.Cookies["userInfo"] !=null){
    if (Request.Cookies["userInfo"] ["uName "] !=null){
        name=Request.Cookies["userInfo"][" uName "]; }
}
```

2.4.4.9 修改 Cookie

修改 Cookie 就是创建具有新值的同名 Cookie，并发送到浏览器上以覆盖客户端上旧版本的 Cookie。

2.4.4.10 删除 Cookie

删除 Cookie 通过浏览器完成。要在客户端创建一个与要删除的 Cookie 同名的新 Cookie，并将该 Cookie 的过期日期设置为早于当前时间即可。

2.4.5 Application 对象

Application 对象用于在整个应用程序中共享信息。它是 HttpApplicationState 的一个实例。Application 对象是 ASP.NET 应用程序的全局变量,其生命周期从请求该应用程序的第一个页面开始,直到 IIS 停止。

2.4.5.1 Application 对象的常用属性

Application 对象的常用属性如表 2-10 所示。

表 2-10 Application 对象的常用属性

属性	说明
All	将全部的 Application 对象变量传回到一个 Object 类型的数组
AllKeys	将全部的 Application 对象变量名称传回到一个 String 类型的数组
Count	取得 Application 对象变量的数量
Item	使用索引或是 Application 变量名称传回内容值

2.4.5.2 Application 对象的常用方法

Application 对象的常用方法如表 2-11 所示。

表 2-11 Application 对象的常用方法

方法	说明
Add	新增一个新的 Application 对象变量
Clear	清除全部的 Application 对象变量
Get	使用索引值或变量名称传回变量值
Set	使用变量名称更新一个 Application 对象变量的内容
GetKey	使用索引值取得变量名称
Lock	锁定全部的 Application 变量
Remove	使用变量名称移除一个 Application
RemoveAll	移除全部的 Application 对象变量
Unlock	解除锁定 Application 变量

2.4.5.3 设置 Application 对象

(1) 使用键值

```
Application["appVar"]=0;
```

(2) 使用 Add 方法

```
Application.Add("appVar1",TextBox1.Text);
Application.Add("appVar2",TextBox2.Text);
Application.Add("appVar3",TextBox3.Text);
```

2.4.5.4 使用 Application 对象

(1) Application 对象的键

```
Response.Write(Application["appVar1"].ToString());
```

(2) Application 对象的 Get 方法

```
Response.Write(Application.Get("appVar1").ToString());
```

2.4.5.5 应用程序状态同步

HttpApplicationState 类提供 Lock 和 UnLock 方法，解决了 Application 对象访问的同步问题，一次只允许一个线程访问应用程序状态变量。

```
Application.Lock();
Application["appVar"]=TextBox1.Text;
Application.UnLock();
```

2.5 ADO.NET 技术

2.5.1 ADO.NET 原理

ASP.NET 通过对 ADO.NET 的引用，达到了获取数据和操作数据的目的。数据访问涉及四个主要的组件：Web 应用程序(ASP.NET)、数据访问层(ADO.NET)、数据提供程序以及数据存储，如图 2-2 所示。

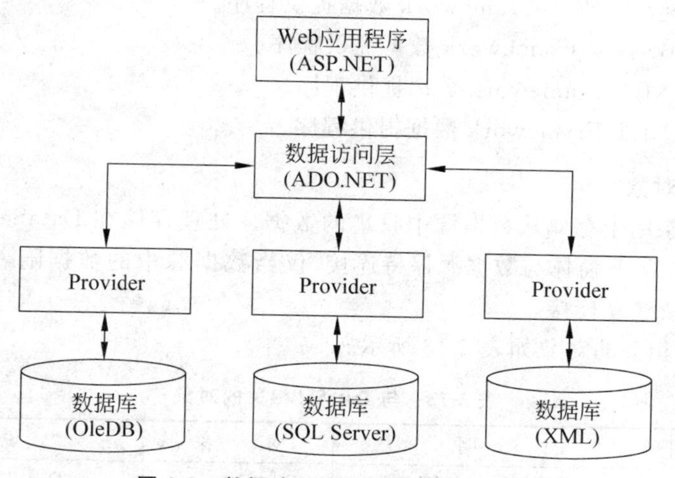

图 2-2 数据访问涉及的四个主要组件

其中，数据存储是数据存放的源头，包括关系数据库、XML 文件、Web 服务、桌面文件或诸如 Microsoft Excel 电子数据表程序中的数据。

数据提供程序是 ASP.NET 提供不同数据源的提供程序,开发人员只须编写一组数据访问代码就能访问各种类型的数据。

数据访问层是 ADO.NET API 定义的抽象层,不论何种数据源,提取信息的过程都具有相同的关键类和步骤。

Web 应用程序层一般是一系列数据控件。

ADO.NET 访问技术是一种将 Microsoft .NET 的 Web 应用程序以及 Microsoft Windows 应用程序连接到诸如 SQL Server 数据库或 XML 文件等数据源的技术,专门为 Internet 无连接的工作环境而设计。它提供了一种简单且灵活的方法,便于开发人员把数据访问和数据处理集成到 Web 应用程序中。

ADO.NET 包括两个核心组件:.NET Framework 数据提供程序和 DataSet 数据集。

1. 数据提供程序

数据提供程序用于连接到数据库、执行命令和检索结果。数据提供程序包含的核心对象如表 2-12 所示。

表 2-12 数据提供程序包含的核心对象

对 象	说 明
Connection	建立与数据源的连接
Command	对数据源执行操作命令
DataReader	从数据源中读取只进且只读的数据流
DataAdapter	使用 Connection 对象建立 DataSet 与数据提供程序之间的连接;协调对 DataSet 中数据的更新

.NET Framework 提供了 4 个数据提供程序。

(1) SQL Server .NET Framework 数据提供程序。

(2) OLE DB.NET Framework 数据提供程序。

(3) ODBC.NET Framework 数据提供程序。

(4) Oracle.NET Framework 数据提供程序。

2. DataSet 对象

DataSet 对象用于存储从数据源中收集的数据。处理存储在 DataSet 中的数据并不需要 ASP .NET Web 窗体与数据源保持连接,仅当数据源中的数据随着改变而被更新的时候,才会重新建立连接。

与 DataSet 相关的对象如表 2-13 所示。

表 2-13 与 DataSet 相关的对象

对 象	说 明	对 象	说 明
DataSet	数据在内存中的缓存	DataRow	DataTable 中的行
DataTable	内存中存放数据的表	DataColumn	DataTable 中的列

ADO.NET 提供了一组丰富的对象，用于对任何种类的数据存储的连接式或断开式访问。在连接式访问模式下，连接会在程序的整个生存周期中保持打开，而不需要对状态进行特殊处理。断开方式的处理模式可以为应用程序提供良好的性能和伸缩性。

2.5.2　Connection 对象

Connection 类负责建立连接数据库的对象，通过一个连接字符串连接一个特定的数据源。其中针对不同的数据源需要不同类的 Connection 对象。ADO.NET 提供了针对不同的数据库使用不同的类对象建立与数据库的连接。可有以下几种情况。

(1) 若要连接 Microsoft SQL Server 7.0 或更高版本，可以使用 SQL Server.NET Framework 数据提供程序的 SqlConnection 对象。

(2) 若要连接 OLE DB 数据源，或连接 Microsoft SQL Server 6.x 或更低版本，可以使用 OLE DB.NET Framework 数据提供程序的 OleDbConnection 对象。

(3) 若要连接 ODBC 数据源，可以使用 ODBC .NET Framework 数据提供程序的 OdbcConnection 对象。

(4) 若要连接 Oracle 数据源，可以使用 Oracle .NET Framework 数据提供程序的 OracleConnection 对象。

(5) 若要连接 MySQL 数据库，可以使用 MySQL 自己提供的数据提供程序，或者是使用 ODBC 等方式进行数据库连接。

下面重点介绍 SQL Server 数据库连接方法，在进行 SQL Server 数据库连接的时候，首先要使用数据库连接的提供者，因此在程序的开始要使用如下代码。

```
using System.Data;
using System.Data.SqlClient;
```

接下来要连接数据源，这需要使用连接字符串创建一个连接对象。连接字符串中包含希望连接的数据库提供者名称、登录信息(用户名、密码等)以及希望使用的数据库名称。

创建连接对象的代码如下：

```
SqlConnection con=new SqlConnection("Server=(local); Database=CMS; Integrated
Security=True;");
```

其中，Server=(local)是正在访问的 SQL Server 名称，其格式是“计算机名\实例名”。计算机名(local)是表示运行在当前机器上的服务器实例，也可以使用计算机的网络名或 IP 地址来代替它。

连接字符串的下一部分规定了如何登录数据库。这里使用 Windows 登录的集成方式，这样就不需要规定用户名和密码了。当然也可以指定用户名和密码，如“User=sa; PWD=sa;”代替“Integrated Security=True”(不包括双引号)。

这样就有了一个为计算机和数据库配置的连接对象，但是该对象还未激活，因此必须打开连接。在有了对象之后就可以打开它，建立与数据库的连接 con.Open()；如果

Open 方法未成功,比如数据库不存在,那么就会抛出 SqlException 异常。一旦建立起连接,就可以从数据库中读写数据,最后要调用它的 Close()方法关闭连接。

2.5.3 Command 对象

Command 对象允许执行多种不同类型的查询,可以通过三种方式创建 Command 对象。

第一种方式,使用 new 关键字直接创建对象的一个实例,然后设置适当属性。

第二种方式,使用一个可用的构造函数指定查询字符串的 Connection 对象。

第三种方式,调用 Connection 类的 CreateCommand 方法。

Command 对象是一个设置并执行 SQL 命令的对象,在执行 SQL 命令之前必须要明确它对哪个数据库执行 SQL 命令,因此必须通过它的 Connection 属性与一个 Connection 对象相连接,这样它的一切 SQL 命令操作就针对它连接的 Connection 对象指定的数据库了。

2.5.3.1 使用 Command 对象操作数据

Command 对象的 SQL 命令存储在它的 CommandText 属性中,这个 SQL 命令可以是一个 Select、Insert、Delete、Update 等常规 SQL 命令,也可以是一个存储过程命令。为了区别是什么类型,要用到它的另外一个属性 CommandType。CommandType 有几个特定的值,表明 CommandText 中的 SQL 命令是什么类型。其中 Text 表示 Command 对象用于执行 SQL 语句,StoredProcedure 表示 Command 对象用于执行存储过程,TableDirect 表示 Command 对象用于直接处理某个表。CommandType 属性的默认值为 Text。

在 SQL 命令指定好后,接下来就可以通过它的 ExecuteReader、ExecuteNonQuery 等方法执行该 SQL 命令。ExecuteReader 主要用于执行一条 Select 的查询命令,并返回一个查询结果数据集。这个数据集是一个 DataReader 对象,它实际上就是一张二维的数据库表,通过 DataReader 就可以读取表中的数据了。ExecuteNonQuery 方法用来执行 Insert、Update、Delete 等数据修改命令,它返回被修改的记录数。

这种用 Connection 类与 Command 类的对象访问数据库,用 DataReader 类对象读数据的访问方式称为数据访问类读取方式。

SqlCommand 对象的 ExecuteNonQuery 方法的示例。

```
string myconnstr = ConfigurationManager. ConnectionStrings [ " DBConnStr "].
ConnectionString;
SqlConnection sqlconn=new SqlConnection(myconnstr);
SqlCommand cmd;
cmd.Connection=sqlconn;
cmd.CommandType=CommandType.Text;
sqlconn.Open();
cmd.CommandText="Create Table TempTable(IDCol Int)";
```

```
cmd.ExecuteNonQuery();                          //执行创建表操作
cmd.CommandText="Insert TempTable(IDCol) Values(1)";
cmd.ExecuteNonQuery();                          //执行添加一条记录操作
cmd.CommandText="Drop Table TempTable";
cmd.ExecuteNonQuery();                          //执行删除表操作
sqlconn.Close();
```

2.5.3.2 使用SQL参数操作数据

在实际应用中，常常需要用户在页面上输入信息，并将这些信息插入数据库。只要允许用户输入数据，当输入的Sql语句出现歧义时，例如字符串中含有单引号，程序就会发生错误，并且他人可以轻易地通过拼接Sql语句进行注入攻击，就有可能对Web应用程序创建和执行SQL代码产生致命的影响。为了解决这个问题，除了对输入控件进行检查之外，还可以在生成T-SQL命令时，不使用窗体变量而使用SQL参数来构造SQL命令字符串。

SQL参数不属于SQL查询的可执行脚本部分。由于错误或恶意的用户输入不会处理成可执行脚本，所以不会影响SQL查询的执行结果。

要在ADO.NET对象模型中使用SQL参数，需要向Command对象的Parameters集合中添加Parameter对象。在使用SQL Server.NET数据提供程序时，要使用的Parameter对象的类名为SqlParameter。使用SqlParameter对象的示例如下：

```
int Id=1;
string Name="lui";
//直接在sql语句中写添加的参数名,不论参数类型都是如此
cmd.CommandText="insert into TUserLogin values(@Id,@Name)";
//生成一个名字为@Id的参数,必须以@开头表示是添加的参数,并设置其类型长度,类型长度与
  数据库中对应字段相同
SqlParameter para=new SqlParameter("@Id",SqlDbType.int,4);
para.Value=Id;                                  //给参数赋值
cmd.Parameters.Add(para);                       //必须把参数变量添加到命令对象。
//以下类似
para=new SqlParameter("@Name",SqlDbType.VarChar,16);
para.Value=Name;
com.Parameters.Add(para);
//然后就可以执行数据库操作了
```

2.5.4 DataAdapter对象和DataSet对象

2.5.4.1 DataAdapter对象

DataAdapter类是连接数据库与内存数据集合的桥梁，DataAdapter通过一个SELECT查询的SQL命令，从连接的数据库中取出一张表格，把该表格的数据直接存储在一个DataTable表格对象中，即把数据库表的数据缓冲到内存中。

在建立 DataAdapter 对象时必须先建立 Connection 对象,通过 Connection 对象连接数据库。当数据库连接后通过 Connection 对象来建立 DataAdapter 对象,并为其指定一个 SELECT 命令,这样 DataAdapter 对象就知道从什么数据库中的什么表中取出数据了。程序一般如下:

```
OleDbConnection con=new OleDbConnection();
con.ConnectionString="Provider=Microsoft.Jet.OLEDB.4.0;Data Source=D:\\DMS.
mdb";
con.Open();
OleDbDataAdapter adapter=newOleDbDataAdapter("select * from members order by x_
name",con);
```

建立 DataAdapter 对象需要两个参数:一个参数是 SELECT 命令,指示从什么表中取出数据;另一个参数指示它连接到什么数据库。这样 DataAdapter 的对象 adapter 就可以从 d:\DWMS.mdb 数据库的 members 表中取出数据。

2.5.4.2 DataSet 对象

因为 DataSet 可以看作内存中的数据库,因此可以说 DataSet 是数据表的集合。它可以包含任意多个数据表(DataTable),而且每一个 DataSet 中的数据表(DataTable)对应一个数据源中的数据表(Table)或是数据视图(View)。数据表实质是由行(DataRow)和列(DataColumn)组成的集合。为了保护内存中数据记录的正确性,避免并发访问时的读写冲突,DataSet 对象中的 DataTable 负责维护每一条记录,分别保存记录的初始状态和当前状态。从这里可以看出 DataSet 与 ASP 语言中只能存放单张数据表的 RecordSet 是截然不同的概念。

DataSet 对象结构还是非常复杂的。在 DataSet 对象的下一层中是 DataTableCollection 对象、DataRelationCollection 对象和 ExtendedProperties 对象。

每一个 DataSet 对象是由若干个 DataTable 对象组成的。DataTableCollection 就是管理 DataSet 中的所有 DataTable 对象。表示 DataSet 中两个 DataTable 对象之间的父/子关系是 DataRelation 对象。它使一个 DataTable 中的行与另一个 DataTable 中的行相关联。这种关联类似于关系数据库中数据表之间的主键列和外键列之间的关联。DataRelationCollection 对象就是管理 DataSet 中所有 DataTable 之间的 DataRelation 关系的。在 DataSet 中 DataSet、DataTable 和 DataColumn 都具有 ExtendedProperties 属性。ExtendedProperties 其实是一个属性集(PropertyCollection),用以存放各种自定义数据,如生成数据集的 SELECT 语句等。

DataSet 对象的三大特性。

(1) 独立性。DataSet 独立于各种数据源。

(2) 离线(断开)和连接。

(3) DataSet 对象是一个可以用 XML 形式表示的数据视图,是一种数据关系视图。

在实际应用中,DataSet 使用方法一般有三种。

(1) 把数据库中的数据通过 DataAdapter 对象填充 DataSet。

(2) 通过 DataAdapter 对象操作 DataSet 实现更新数据库。

(3) 把 XML 数据流或文本加载到 DataSet。

填充 DataSet 的示例如下：

```
string connstr = ConfigurationManager. ConnectionStrings [ " SMDBConnStr "].
ConnectionString;
SqlConnection sqlConn=new SqlConnection(connstr);
sqlConn.Open();
string str="SELECT * FROM T_WareType"
SqlDataAdapter da=new SqlDataAdapter(str, sqlConn);
DataSet ds=new DataSet();            //实例化 DataSet 对象
da.Fill(ds, "splb");                 //填充数据到 DataSet
```

2.6 数据绑定控件

2.6.1 GridView 控件

GridView 控件是以表格的形式显示数据源的值，每列表示一个字段，每行表示一条记录。

该控件提供了内置排序功能、内置更新和删除功能、内置分页功能、内置行选择功能、以编程方式访问 GridView 对象模型、以动态设置属性以及处理事件等功能，可以绑定至数据源控件，如 SqlDataSource，也可以通过主题和样式进行自定义外观，实现多种样式的数据展示。

GridView 控件的主要属性如表 2-14 所示。

表 2-14 GridView 控件的主要属性

属 性 名 称	功 能 说 明
AllowPaging	设置是否启用分页功能
AllowSorting	设置是否启用排序功能
AutoGenerateColumns	设置是否为数据源中的每个字段自动创建绑定字段。这个属性默认为 true，但在实际开发中很少使用自动创建绑定列
Columns	获取 GridView 控件中列字段的集合
PageCount	获取在 GridView 控件中显示数据源记录所需的页数
PageIndex	获取或设置当前显示页的索引
PagerSetting	设置 GridView 的分页样式
PageSize	设置 GridView 控件每次显示的最大记录条数

GridView 控件不仅可以以文本形式显示数据，还可以显示复选框、图片、超链接、按钮等，这是 GridView 控件列的类型设置的。GridView 控件的列类型如表 2-15 所示。

表 2-15　GridView 控件的列类型

列的类型	说　明
BoundField	绑定字段，以文本的方式显示数据
CheckBoxField	复选框字段，如果数据库是 bit 字段，则以此方式显示
HyperLinkField	用超链接的形式显示字段值
ImageField	用于显示存放 Image 图像的 URL 字段数据
ButtonField	显示按钮列
CommandField	显示可执行操作的列，可以执行编辑或者删除等操作。可以设置它的 ButtonType 属性决定显示成普通按钮、图片按钮或者超链接
TemplateField	自定义数据的显示方式，可以使用所熟悉的 HTML 控件或者 Web 服务器控件

其中，BoundField 是绑定列，用于显示数据源中一列的信息，主要设置其 DataField 属性即绑定显示数据源中的列名。其格式如下：

```
<asp:BoundField DataField="sp_TypeName" HeaderText="类别名称"  ReadOnly=
"True" />
```

超链接列 HyperLinkField 可以通过 GridView 控件引导到其他页面。其格式如下：

```
<asp:HyperLinkField DataNavigateUrlFields="sp_WareID" HeaderText="查看"
    DataNavigateUrlFormatString="Details.aspx?spID={0}" Text="查看" />
```

还有一个重要的列类型是 TemplateField，它可以使用模板完全定制列的内容。TemplateField 提供了 6 个不同的模板，如表 2-16 所示。用于定制列的指定区域，或创建列中的单元格能进入的模式，如编辑模式。

表 2-16　TemplateField 提供的 6 个模板

模板名	说　明
ItemTemplate	用于显示数据绑定控件的 TemplateField 中的一项
AlternatingItemTemplate	用于显示 TemplateField 的替换项
EditItemTemplate	用于显示编辑模式下的 TemplateField 项
InsertItemTemplate	用于显示插入模式下的 TemplateField 项
HeaderTemplate	用于显示 TemplateField 的标题部分
FooterTemplate	用于显示 TemplateField 的脚标部分

ItemTemplate 是最常用的模板，它控制着列中每个单元格的默认内容，可以对模板列进行编辑和设计。GridView 控件绑定了数据，所以在模板列中还可以用数据绑定表达式访问绑定到控件上的数据，如 Eval、XPath 或 Bind 表达式。

代码示例如下：

```
<asp:TemplateField ItemStyle-CssClass="center">
    <ItemTemplate>
        销量: <asp:Label ID="lbSaleQty" runat="server" Text='<%#Eval("gdSaleQty")
        %>'></asp:Label>
    </ItemTemplate>
</asp:TemplateField>
```

2.6.2 DataList 控件

DataList 控件使用模板显示内容,它允许每一行显示多条记录。DataList 控件默认输出是一个 HTML 表格,DataList 在输出时已经在相应的模板上套上了表格标签。

DataList 控件的常用属性如下。

(1) RepeatLayout 属性:确定是在表中显示还是在流布局中显示,可选值为 Flow 和 Table。Flow 代表流布局,这时列表项在一行中呈现。Table 代表表布局,这时列表项在 HTML 表中呈现,由于在表布局中可以设置表单元格属性,这就为开发人员提供了更多可用于指定列表项外观的选项。

(2) RepeaterDirection 属性:指定控件包含多列时是按垂直排列还是水平排列,可以为 Horizontal(水平)或 Vertical(垂直)。

(3) RepeateColumns 属性:用于指定每行排几列。

DataList 支持的模板有 ItemTemplate、AlternatingItemTemplate、SeparatorTemplate、HeaderTemplate、FooterTemplate、EditItemTemplate、SelectedItemTemplate。

使用 DataList 控件的 ItemTemplate 模板显示数据的一个实例。

```
<asp:DataList ID="DataList1" runat="server" RepeatColumns="3" DataSourceID=
"srcMovies">
    <ItemTemplate>
        <h1><%#DataBinder.Eval(Container.DataItem,"Title") %></h1><!--绑定
        数据-->
        <b>导演:</b><%#Eval("Director") %>
            <br />
        <b>简介:</b><%#Eval("Description") %>
    </ItemTemplate>
</asp:DataList>
```

当 DataList 中显示的记录较多时,页面上就需要分页显示,使用 PagedDataSource 类可以实现 DataList 控件的分页显示。.NET 提供的 GridView 控件和 FormView 控件等提供的分页功能也都是基于 PagedDataSource 类实现的。

PagedDataSource 类的常用属性如下。

(1) AllowCustomPaging 属性,获取或设置指示是否启用自定义分页的值。

(2) AllowPaging 属性,获取或设置指示是否启用分页的值。

(3) Count 属性,获取要从数据源使用的项数。

(4) CurrentPageIndex 属性,获取或设置当前页的索引。

(5) DataSource 属性,获取或设置数据源。

(6) DataSourceCount 属性,获取数据源中的项数。

(7) FirstIndexInPage 属性,获取页中的第一个索引。

(8) IsCustomPagingEnabled 属性,获取一个值,该值指示是否启用自定义分页。

(9) IsFirstPage 属性,获取一个值,该值指示当前页是否是首页。

(10) IsLastPage 属性,获取一个值,该值指示当前页是否是最后一页。

(11) IsPagingEnabled 属性,获取一个值,该值指示是否启用分页。

(12) IsReadOnly 属性,获取一个值,该值指示数据源是否是只读的。

(13) IsSynchronized 属性,获取一个值,该值指示是否同步对数据源的访问(线程安全)。

(14) PageCount 属性,获取显示数据源中的所有项所需要的总页数。

(15) PageSize 属性,获取或设置要在单页上显示的项数。

(16) VirtualCount 属性,获取或设置在使用自定义分页时数据源中的实际项数。

使用 PagedDataSource 类实现 DataList 控件分页的示例。

```
//ds 填充代码
DataView dv=ds.Tables[0].DefaultView;
PagedDataSource Pds=new PagedDataSource();
Pds.DataSource=dv;
Pds.AllowPaging=true;
Pds.PageSize=10;
int TotalCount=Pds.PageCount;
int CurrPage;
//这里就可以通过各种方式递交页面索引
CurrPage=Request.QueryString["Page"];
Pds.CurrentPageIndex=CurrPage;
//最后再绑定。DataList 和 Repeater 都可
DataList1.DataSource=Pds;
DataList1.DataBind();
```

2.6.3 Repeater 控件

Repeater 是一个容器控件,它可以从页的任何可用数据中创建自定义列表。Repeater 控件完全由模板驱动,提供了最大的灵活性,可以任意设置它的输出格式。当运行页面时,Repeater 将绑定数据源中的数据,并按照模板的要求将数据在界面上呈现。前面讲的 DataList 控件也由模板驱动,和 Repeater 不同的是,DataList 默认输出是 HTML 表格。

Repeater 控件不具有编辑模板,所以一般不使用它编辑数据。

Repeater 控件支持的模板有 ItemTemplate、AlternatingItemTemplate、SeparatorTemplate、HeaderTemplate、FooterTemplate 五种。

使用 Repeater 控件的 ItemTemplate 模板显示数据的一个实例。

```
<asp:Repeater ID="Repeater1" runat="server" DataSourceID=" srcMovies ">
    <ItemTemplate>
        <div class="movies">
            <h1><%#Eval("Title") %></h1>
        </div>
        <b>导演:</b><%#Eval("Director") %>
        <br />
        <b>简介:</b><%#Eval("Description") %>
    </ItemTemplate>
</asp:Repeater>
```

第3章

三层体系架构

3.1 软件体系结构简介

软件体系结构是具有一定形式的结构化元素，即构件的集合，包括处理构件、数据构件和连接构件。处理构件负责对数据进行加工，数据构件是被加工的信息，连接构件把体系结构的不同部分组合连接起来。这一定义注重区分处理构件、数据构件和连接构件，这一方法在其他的定义和方法中基本上得到保持。

20 世纪 80 年代中期出现了 Client/Server 分布式计算结构，应用程序的处理在客户器和服务器之间分担；请求通常被关系型数据库处理，PC 在接收到被处理的数据后实现显示和业务逻辑；系统支持模块化开发，通常有 GUI 界面。Client/Server 结构因为其灵活性得到了极其广泛的应用。但对于大型软件系统而言，这种结构在系统的部署和扩展性方面还是存在不足。

Internet 的发展给传统应用软件的开发带来了深刻的影响。Browser/Server 是 Web 兴起后的一种网络结构，Web 浏览器是客户端最主要的应用软件。这种模式统一了客户端，将系统功能实现的核心部分集中到服务器上，简化了系统的开发、维护和使用。客户机上只要安装一个浏览器如 Netscape Navigator 或 Internet Explorer，服务器安装 SQL Server、Oracle、MySQL 等数据库。浏览器通过 Web Server 同数据库进行数据交互。

基于 Internet 和 Web 的软件和应用系统无疑需要更为开放和灵活的体系结构。随着越来越多的商业系统被搬上 Internet，一种新的、更具生命力的体系结构被广泛采用，这就是所谓的"三层架构"。

3.2 三层体系架构原理

3.2.1 三层架构概述

三层架构即 3-Tier Architecture，通常意义上的三层架构就是将整个业务应用划分为：表示层（Presentation Layer）、业务逻辑层（Application Layer）、数据访问层（Data Access Layer）。区分层次是为了"高内聚低耦合"的思想。在软件体系架构设计中，分层式结构是最常见，也是最重要的一种结构。微软推荐的分层式结构一般分为三层，如图 3-1 所示。从下至上分别为：数据访问层、业务逻辑层（又称为领域层）、表示层。

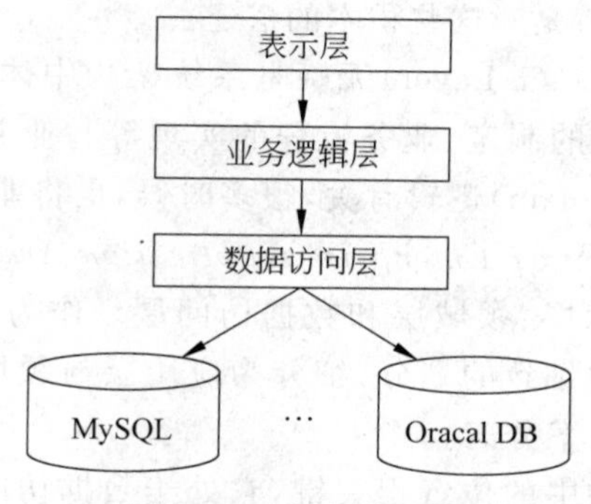

图 3-1 三层架构示意

三个层次中,系统主要功能和业务逻辑都在业务逻辑层进行处理。所谓三层体系结构,是在客户端与数据库之间加入了一个“中间层”,也叫组件层。这里所说的三层体系,不是指物理上的三层,不是简单地放置三台机器就是三层体系结构,也不仅仅有 B/S 应用才是三层体系结构。三层是指逻辑上的三层,即把这三个层放置到一台机器上。三层体系的应用程序将业务规则、数据访问、合法性校验等工作放到了中间层进行处理。通常情况下,客户端不直接与数据库进行交互,而是通过 COM/DCOM 通信与中间层建立连接,再经由中间层与数据库进行交互。

使用三层架构开发有以下优点。

(1) 从开发角度和应用角度看,三层架构比二层架构或单层架构都有更大的优势。三层架构适合团队开发,每人可以有不同的分工,协同工作使效率倍增。开发二层或单层应用程序时,每个开发人员都应对系统有较深的理解,能力要求很高,而开发三层应用程序时,则可以结合多方面的人才,只需少数人对系统有全面了解即可,在一定程度上降低了开发的难度。

(2) 三层架构可以更好地支持分布式计算环境。逻辑层的应用程序可以在多个计算机上运行,充分利用网络的计算功能。分布式计算的潜力巨大,远比升级 CPU 有效。美国人曾利用分布式计算解密,几个月就破解了据称永远都破解不了的密码。

(3) 三层架构的最大优点是它的安全性。用户只能通过逻辑层访问数据层,减少了入口点,把很多危险的系统功能都屏蔽了。

3.2.2 表示层

负责直接跟用户进行交互,一般也就是指系统的界面,用于数据录入、数据显示等。意味着只做与外观显示相关的工作,不属于它的工作不用做,主要表示 Web 方式,也可以表示成 Winform 方式,Web 方式也可以表现成 aspx。如果逻辑层相当强大和完善,无论表现层如何定义和更改,逻辑层都能完善地提供服务。

3.2.3 业务逻辑层

业务逻辑层主要负责对数据层的操作,也就是说把一些数据层的操作进行组合。其主要是针对具体问题的操作,也可以理解成对数据层的操作,对数据业务逻辑处理。如果说数据层是积木,逻辑层就是对这些积木的搭建。

业务逻辑层(Business Logic Layer)无疑是系统架构中体现核心价值的部分。它的关注点主要集中在业务规则的制定、业务流程的实现等与业务需求有关的系统设计,即它是与系统应对的领域(Domain)逻辑有关,很多时候,也将业务逻辑层称为领域层。例如 Martin Fowler 在 *Patterns of Enterprise Application Architecture* 一书中,将整个架构分为三个主要的层:表示层、领域层和数据访问层。作为领域驱动设计的先驱 Eric Evans,对业务逻辑层做了更细致的划分,细分为应用层与领域层,通过分层进一步将领域逻辑与领域逻辑的解决方案分离。

业务逻辑层在体系架构中的位置很关键,它处于数据访问层与表示层中间,起到了数据交换中承上启下的作用。由于层是一种弱耦合结构,层与层之间的依赖是向下的,底层对于上层而言是"无知"的,改变上层的设计对于其调用的底层而言没有任何影响。如果在分层设计时遵循了面向接口设计的思想,那么这种向下的依赖也应该是一种弱依赖关系。因而在不改变接口定义的前提下,理想的分层式架构,应该是一个支持可抽取、可替换的"抽屉"式架构。正因为如此,业务逻辑层的设计对于一个支持可扩展的架构尤为关键,因为它扮演了两个不同的角色。对于数据访问层而言,它是调用者;对于表示层而言,它是被调用者。依赖与被依赖的关系都纠结在业务逻辑层上,如何实现依赖关系的解耦,则是除了实现业务逻辑之外留给设计师的任务。

3.2.4 数据访问层

数据访问层,顾名思义,就是专门跟数据库进行交互,执行数据的添加、删除、修改和显示等。需要强调的是,所有的数据对象只在这一层被引用,如 System、Data、SqlClient 等,除数据层之外的任何地方都不应该出现这样的引用。主要看数据层里面有没有包含逻辑处理,实际上它的各个函数主要完成各个对数据文件的操作,而不必管其他操作。主要是对原始数据(数据库或者文本文件等存放数据的形式)的操作层,而不是指原始数据。也就是说,是对数据的操作,而不是数据库,具体为业务逻辑层或表示层提供数据服务。

3.2.5 三层架构的辅助类

根据系统设计,常用信息管理系统架构示意如图 3-2 所示。

本架构中的辅助类包括 Model、DBUtility、Common 三个模块中的类。

Model 中包括数据库表对应的模型类。这些模型类中包含了和数据库表中字段相对应的属性,作为实现数据库、DAL、BLL、Web 之间的数据传递载体,实际上实现了整个系统的数据持久化功能。

DBUtility 中包含了针对数据库访问所需的一些最小粒度的、针对不同数据库的通用数据库访问工具类,这些类中的相关方法实现了针对相应数据库的基本的原子数据库访问功能。其中的 DbHelperSQL 类是专门针对 SQL Server 数据库的操作而创建的。

Common 中相关的一些类则实现了针对字符串的操作、加密操作、配置文件操作、Excel 表操作、缓存操作等常用和通用的基本操作,如图 3-3 所示。

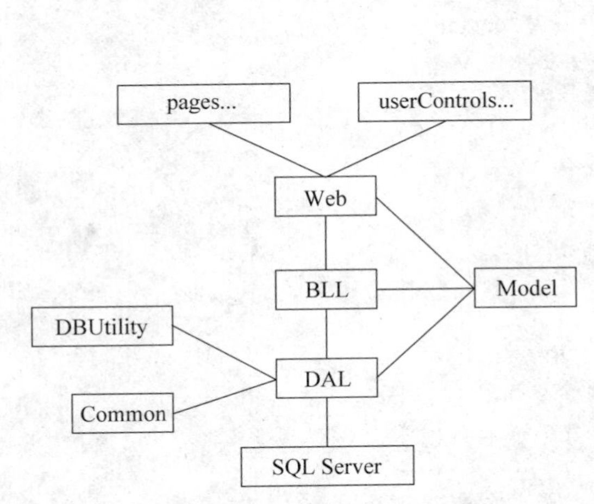

图 3-2 常用信息管理系统架构示意

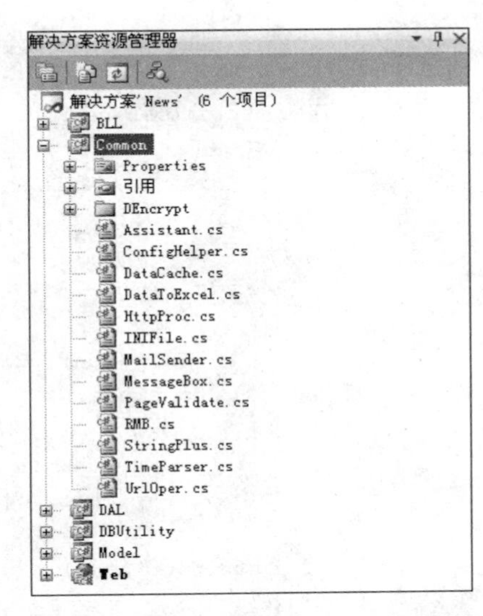

图 3-3 Common 中相关的一些类的操作

例如,其中 StringPlus.cs 文件中的 StringPlus 类就实现了字符串操作的相关方法,具体代码如下:

```
public class StringPlus
{
    ///<summary>
    ///转全角的函数(SBC case)
    ///</summary>
    ///<param name="input"></param>
    ///<returns></returns>
    public static string ToSBC(string input)
    {
        //半角转全角
        char[] c=input.ToCharArray();
        for (int i=0; i <c.Length; i++)
        {
            if (c[i]==32)
            {
                c[i]=(char)12288;
                continue;
            }
            if (c[i] <127)
                c[i]=(char)(c[i]+65248);
        }
        return new string(c);
    }
    ///<summary>
    ///转半角的函数(SBC case)
    ///</summary>
```

```
    ///<param name="input">输入</param>
    ///<returns></returns>
    public static string ToDBC(string input)
    {
        char[] c=input.ToCharArray();
        for (int i=0; i <c.Length; i++)
        {
            if (c[i]==12288)
            {
                c[i]=(char)32;
                continue;
            }
            if (c[i] >65280 && c[i] <65375)
                c[i]=(char)(c[i]-65248);
        }
      return new string(c);
    }
    public static string GetCleanStyle(string StrList, string SplitString)
    {
        string RetrunValue="";
        //如果为空,返回空值
        if (StrList==null)
        {
            RetrunValue="";
        }
        else
        {
            //返回去掉分隔符
            string NewString="";
            NewString=StrList.Replace(SplitString, "");
            RetrunValue=NewString;
        }
        return RetrunValue;
    }
    #endregion
    public static string GetNewStyle(string StrList, string NewStyle, string
    SplitString, out string Error)
    {
        string ReturnValue="";
        //如果输入空值,返回空,并给出错误提示
        if (StrList==null)
        {
            ReturnValue="";
            Error="请输入需要划分格式的字符串";
        }
        else
        {
            //检查传入的字符串长度和样式是否匹配,如果不匹配,则说明使用错误
```

```
            //给出错误信息并返回空值
            int strListLength=StrList.Length;
            int NewStyleLength=GetCleanStyle(NewStyle, SplitString).Length;
            if (strListLength !=NewStyleLength)
            {
                ReturnValue="";
                Error="样式格式的长度与输入的字符长度不符,请重新输入";
            }
            else
            {
                //检查新样式中分隔符的位置
                string Lengstr="";
                for (int i=0; i <NewStyle.Length; i++)
                {
                    if (NewStyle.Substring(i, 1)==SplitString)
                    {
                        Lengstr=Lengstr+","+i;
                    }
                }
                if (Lengstr !="")
                {
                    Lengstr=Lengstr.Substring(1);
                }
                //将分隔符放在新样式中的位置
                string[] str=Lengstr.Split(',');
                foreach (string bb in str)
                {
                    StrList=StrList.Insert(int.Parse(bb), SplitString);
                }
                //给出最后的结果
                ReturnValue=StrList;
                //因为是正常的输出,没有错误
                Error="";
            }
        }
        return ReturnValue;
    }
    #endregion
}
```

3.2.6 在 Web 应用系统中搭建三层架构

搭建系统时,应按照自底向上渐增式的顺序搭建系统架构。首先,创建被其他模块调用,而自身并未调用其他模块的辅助类模块,包括 Model、DBUtility、Common 这三个模块;其次,应创建 DAL 模块,并在 DAL 模块中添加对 Model、DBUtility、Common 的引

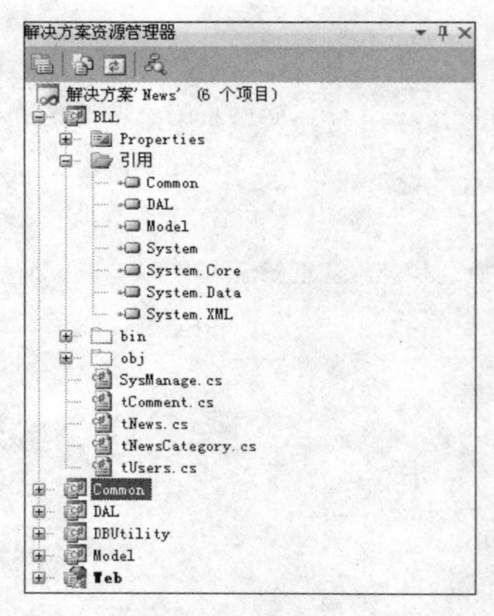

图 3-4　三层架构中具体代码组织情况

用;再次,创建 BLL 模块,在并 BLL 中添加对 Model、DAL、Common 的引用;最后,添加 Web 模块,并在 Web 中添加对 Model、BLL 的引用。

具体代码组织情况如图 3-4 所示。

这其中,处于最底层的模块是整个解决方案中 Model、Common 和 DBUtility 三个项目,它们被 DAL 调用而并未调用其他项目。再往上是 BLL,它调用了 DAL 和 Model。最上面是 Web,它由很多动态页面和用户自定义控件组成,Web 调用了 BLL。

DAL 通过对 DBUtility 工具类中的基本原子方法的调用实现了对不同数据表操作的数据访问类,以此实现了方法的复用和代码耦合度的降低。

BLL 通过对 DAL 中不同数据库表的数据操作类的调用,实现了业务逻辑层级的相关类和方法。

WEB 层主要由 ASPX 页面、ASCX 自定义控件等特殊类组成,通过对业务 BLL 中相关方法的调用最终实现用户和系统的交互。

3.3　SQL 数据库访问助手 DbHelperSQL 类

DBUtility 模块中的 DbHelperSQL 类的方法实现了对 SQL 数据库的通用访问方法,实现代码如下:

```
public abstract class DbHelperSQL
{
    //数据库连接字符串(web.config来配置)
    public static string connectionString=PubConstant.ConnectionString;
    public DbHelperSQL()
    {
    }
    ///<summary>
    ///执行 SQL 语句,返回影响的记录数
    ///</summary>
    ///<param name="SQLString">SQL 语句</param>
    ///<returns>影响的记录数</returns>
    public static int ExecuteSql(string SQLString)
    {
        using (SqlConnection connection=new SqlConnection(connectionString))
        {
            using (SqlCommand cmd=new SqlCommand(SQLString, connection))
            {
                try
```

```
                {
                    connection.Open();
                    int rows=cmd.ExecuteNonQuery();
                    return rows;
                }
                catch (System.Data.SqlClient.SqlException e)
                {
                    connection.Close();
                    throw e;
                }
            }
        }
    }
    ///<summary>
    ///执行一条计算查询结果语句,返回查询结果(object)
    ///</summary>
    ///<param name="SQLString">计算查询结果语句</param>
    ///<returns>查询结果(object)</returns>
    public static object GetSingle(string SQLString)
    {
        using (SqlConnection connection=new SqlConnection(connectionString))
        {
            using (SqlCommand cmd=new SqlCommand(SQLString, connection))
            {
                try
                {
                    connection.Open();
                    object obj=cmd.ExecuteScalar();
                    if ((Object.Equals(obj, null)) || (Object.Equals(obj, System.
                    DBNull.Value)))
                    {
                        return null;
                    }
                    else
                    {
                        return obj;
                    }
                }
                catch (System.Data.SqlClient.SqlException e)
                {
                    connection.Close();
                    throw e;
                }
            }
        }
    }
    ///<summary>
```

```
    ///执行查询语句,返回 SqlDataReader (注意: 调用该方法后,一定要对 SqlDataReader
      进行 Close)
    ///</summary>
    ///<param name="strSQL">查询语句</param>
    ///<returns>SqlDataReader</returns>
    public static SqlDataReader ExecuteReader(string strSQL)
    {
        SqlConnection connection=new SqlConnection(connectionString);
        SqlCommand cmd=new SqlCommand(strSQL, connection);
        try
        {
            connection.Open();
            SqlDataReader  myReader  =  cmd. ExecuteReader  ( CommandBehavior.
            CloseConnection);
            return myReader;
        }
        catch (System.Data.SqlClient.SqlException e)
        {
            throw e;
        }
    }
    ///<summary>
    ///执行查询语句,返回 DataSet
    ///</summary>
    ///<param name="SQLString">查询语句</param>
    ///<returns>DataSet</returns>
    public static DataSet Query(string SQLString)
    {
        using (SqlConnection connection=new SqlConnection(connectionString))
        {
            DataSet ds=new DataSet();
            try
            {
                connection.Open();
                SqlDataAdapter command=new SqlDataAdapter(SQLString, connection);
                command.Fill(ds, "ds");
            }
            catch (System.Data.SqlClient.SqlException ex)
            {
                throw new Exception(ex.Message);
            }
            return ds;
        }
    }
#region 执行带参数的 SQL 语句
    ///<summary>
    ///执行 SQL 语句,返回影响的记录数
```

```
///</summary>
///<param name="SQLString">SQL 语句</param>
///<returns>影响的记录数</returns>
public static int ExecuteSql(string SQLString, params SqlParameter[] cmdParms)
{
    using (SqlConnection connection=new SqlConnection(connectionString))
    {
        using (SqlCommand cmd=new SqlCommand())
        {
            try
            {
                PrepareCommand(cmd, connection, null, SQLString, cmdParms);
                int rows=cmd.ExecuteNonQuery();
                cmd.Parameters.Clear();
                return rows;
            }
            catch (System.Data.SqlClient.SqlException e)
            {
                throw e;
            }
        }
    }
}
///<summary>
///执行一条计算查询结果语句,返回查询结果(object)
///</summary>
///<param name="SQLString">计算查询结果语句</param>
///<returns>查询结果(object)</returns>
 public static object GetSingle (string SQLString, params SqlParameter [ ]
 cmdParms)
{
    using (SqlConnection connection=new SqlConnection(connectionString))
    {
        using (SqlCommand cmd=new SqlCommand())
        {
            try
            {
                PrepareCommand(cmd, connection, null, SQLString, cmdParms);
                object obj=cmd.ExecuteScalar();
                cmd.Parameters.Clear();
                if ((Object.Equals(obj, null)) || (Object.Equals(obj, System.
                DBNull.Value)))
                {
                    return null;
                }
                else
                {
                    return obj;
```

```
                }
            }
            catch (System.Data.SqlClient.SqlException e)
            {
                throw e;
            }
        }
    }
}
///<summary>
///执行查询语句,返回 SqlDataReader (注意: 调用该方法后,一定要对 SqlDataReader
   进行 Close)
///</summary>
///<param name="strSQL">查询语句</param>
///<returns>SqlDataReader</returns>
public static SqlDataReader ExecuteReader (string SQLString, params
SqlParameter[] cmdParms)
{
    SqlConnection connection=new SqlConnection(connectionString);
    SqlCommand cmd=new SqlCommand();
    try
    {
        PrepareCommand(cmd, connection, null, SQLString, cmdParms);
        SqlDataReader myReader = cmd. ExecuteReader (CommandBehavior.
        CloseConnection);
        cmd.Parameters.Clear();
        return myReader;
    }
    catch (System.Data.SqlClient.SqlException e)
    {
        throw e;
    }
}
///<summary>
///执行查询语句,返回 DataSet
///</summary>
///<param name="SQLString">查询语句</param>
///<returns>DataSet</returns>
public static DataSet Query(string SQLString, params SqlParameter[] cmdParms)
{
    using (SqlConnection connection=new SqlConnection(connectionString))
    {
        SqlCommand cmd=new SqlCommand();
        PrepareCommand(cmd, connection, null, SQLString, cmdParms);
        using (SqlDataAdapter da=new SqlDataAdapter(cmd))
        {
            DataSet ds=new DataSet();
            try
```

```
                {
                    da.Fill(ds, "ds");
                    cmd.Parameters.Clear();
                }
                catch (System.Data.SqlClient.SqlException ex)
                {
                    throw new Exception(ex.Message);
                }
                return ds;
            }
        }
    }
#endregion
}
```

实　训　篇

第4章

“新闻发布系统”系统分析

当今社会是一个信息化的社会。新闻作为信息的一部分有着信息量大、类别繁多、形式多样的特点，新闻发布系统的概念就此提出。新闻发布系统是一个基于新闻和内容管理的全站管理系统，是基于B/S模式的WEBMIS系统。它可以将杂乱无章的信息(包括文字、图片和影音)经过组织，合理有序地呈现在大家面前。主要功能有新闻的分类、管理、检索、浏览；新闻评论的管理和用户的管理等。此外，新闻系统还可以通过提供新闻服务的方式，把系统中的新闻提供给用户或其他站点。本章主要内容是新闻发布系统的需求分析。

4.1 项目分析

需求分析是软件生命周期的一个关键阶段。在本阶段系统分析员和软件工程师要确定用户的需要，对用户的业务活动进行分析，明确在用户的业务环境中软件系统应该“做什么”，要达到什么样的效果。只有确定了这些，才能够确定系统必须具有的功能和性能，系统要求的运行环境，并预测系统的发展前景。按照实际工作过程，将以上项目分为2个工作任务。

任务1 系统功能分析

运用所学的需求分析方法，分组讨论和分析用户需求。其中包括：确定系统的运行环境要求、性能要求、系统功能、分析系统的数据要求等。

任务2 模块划分

根据任务1中的需求分析，建立目标系统的逻辑模型，具体划分系统的功能模块、修正系统开发计划、建立原型系统、编写软件《需求规格说明书》及评审。

4.2 项目实施

任务1 系统功能分析

将每个小组的人员进行角色的划分：用户、程序员、需求分析员、项目经理，并为相应的角色分配职责：程序员主要是分析系统的目标、功能需求和非功能需求；需求分析员了解和熟悉用户在系统的工作流程和内容,分析用户的需求和目标;项目经理负责监督、控制项目进度和工作质量;协调在项目进行中出现的各种问题,确定项目的各阶段的工作成果。

系统需求分析阶段的工作可以分为四个方面:问题识别、分析与综合、制定规格说明和评审。

问题识别:就是从系统角度来理解软件,确定对所开发系统的综合要求,并提出这些需求的实现条件,以及需求应该达到的标准。这些需求包括:功能需求(做什么)、性能需求(要达到什么指标)、环境需求(如机型、操作系统等)、可靠性需求(不发生故障的概率)、安全保密需求、用户界面需求、资源使用需求(软件运行所需的内存、CPU 等)、软件成本消耗与开发进度需求、预先估计以后系统可能达到的目标。

分析与综合:逐步细化所有的软件功能,找出系统各元素间的联系,接口特性和设计上的限制,分析它们是否满足需求,剔除不合理部分,增加需要部分。最后综合成系统的解决方案,给出要开发的系统的详细逻辑模型(做什么的模型)。

制定规格说明:即编制文档,描述需求的文档称为软件需求规格说明书。请注意,需求分析阶段的成果是《需求规格说明书》,向下一阶段提交。

评审:对功能的正确性、完整性和清晰性,以及其他需求给予评价。评审通过才可进行下一阶段的工作,否则重新进行需求分析。

通过上述分析,可以明确新闻发布系统的功能主要有以下几点。

(1) 新闻浏览和显示

新闻浏览和显示主要实现显示头条新闻、显示最新新闻、分类显示新闻、显示新闻图片、查看新闻类目、浏览详细新闻信息、搜索新闻和添加新闻评论功能。

(2) 新闻发布和管理

新闻发布和管理主要实现添加新闻、新闻审核、管理新闻、设置新闻评论开关、管理新闻评论、管理新闻分类等功能。

(3) 系统管理

系统管理主要实现用户登录验证、用户管理、用户权限管理和设置等功能。

任务2　模块划分

根据需求分析可以对系统的功能进行具体的划分,具体的功能模块如图 4-1 所示。

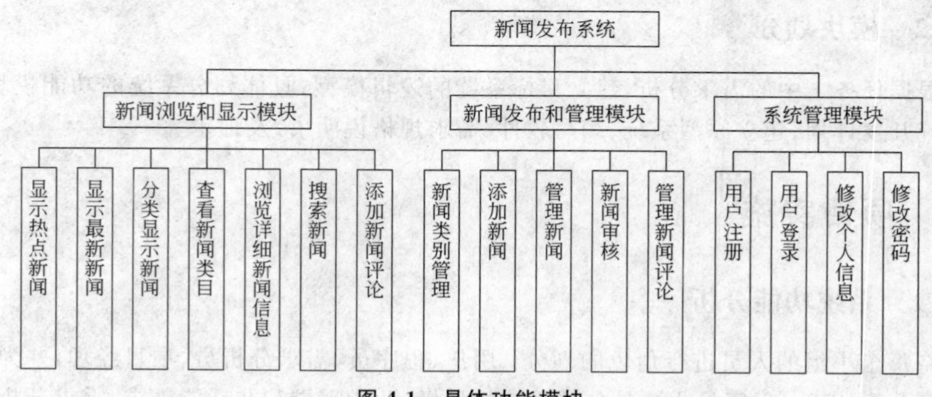

图 4-1　具体功能模块

为了进一步定制新闻发布系统开发的细节问题，这里要编制《需求规格说明书》。《需求规格说明书》的编制是为了使用户和软件开发者双方对该软件的初始规定有一个共同的理解，使之成为整个开发工作的基础。它包含硬件、功能、性能、输入输出、接口界面、警示信息、保密安全、数据与数据库、文档和法规的要求。撰写《需求规格说明书》可以参照以下目录，如图 4-2 所示。

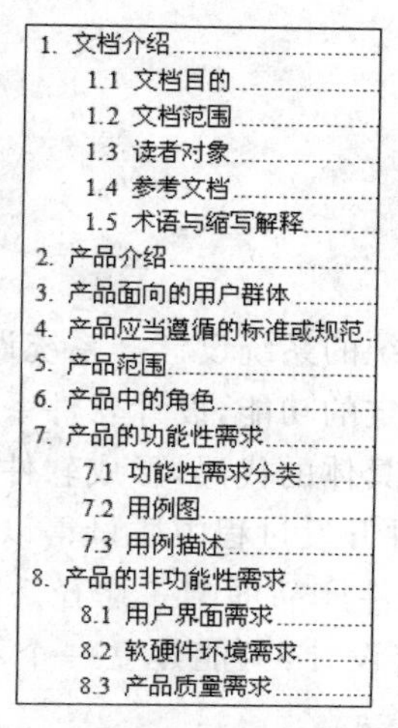
1. 文档介绍
   1.1 文档目的
   1.2 文档范围
   1.3 读者对象
   1.4 参考文档
   1.5 术语与缩写解释
2. 产品介绍
3. 产品面向的用户群体
4. 产品应当遵循的标准或规范
5. 产品范围
6. 产品中的角色
7. 产品的功能性需求
   7.1 功能性需求分类
   7.2 用例图
   7.3 用例描述
8. 产品的非功能性需求
   8.1 用户界面需求
   8.2 软硬件环境需求
   8.3 产品质量需求

图 4-2 《需求规格说明书》目录

4.3 常见问题解析

【问题 1】 访谈前应做哪些准备工作？

【答】 一是在宏观调研方面了解客户的业务模式、组织结构、核心流程；了解主管领导、业务部门、技术部门领导对项目的期望。二是微观调研方面：以业务模块为单元，以流程为主线，了解各岗位上的职责；收集主要单据，提炼业务要素；调研旧系统的功能和模型；技术部门对系统的技术性要求，例如：可扩展性、稳定性、安全性；具体功能调研应由粗到细、逐步细化。三是和客户统一业务术语。

【问题 2】 与客户进行访谈有哪些技巧？

【答】 一是引导发言，例如询问当遇到什么情况时，如何处理？是否有例外情况？除了这些，还有其他什么工作？二是注意询问技巧，例如开放式、限制性提问，回答与反问。三是 5W1H 方法：Why(顾客购买的目的)，What(顾客购买后要做什么？他需要什么功能)，Who(什么人使用？什么人付钱?)，When(购买后什么时候使用？需要使用多久?)，Where(在哪里使用？会不会换地方?)，How(怎样使用?)。四是需求调研会议，事前准备、会议资料发送给相关的人，明确会议目标，有明确的结论，遗留问题的跟踪。

4.4 拓展实践指导

根据本章的任务内容，完成新闻发布系统的需求分析并撰写《需求规格说明书》。

第5章 “新闻发布系统”系统设计

5.1 项目分析

本章主要讲的是新闻发布系统的系统设计。系统设计的任务是从软件《需求规格说明书》出发，根据需求分析阶段确定的功能，设计软件系统的整体结构、划分功能模块、确定每个模块的实现算法以及编写具体的代码，形成软件的具体设计方法。系统设计是开发阶段中最重要的步骤，它是软件开发过程中质量得以保证的关键步骤，同时，系统设计又是将用户准确地转化为最终软件产品的唯一途径。而且系统设计是后续开发步骤及软件维护工作的基础。如果没有设计，只能建立一个不稳定的系统。按照实际工作过程，将以上项目分为3个工作任务。

任务1 数据库设计

教师引导，首先对案例进行解释，引导学生思考并进行分析，完成新闻发布系统数据库的概念结构设计、逻辑结构设计、物理设计以及数据库的实施。

任务2 界面设计

首先学生分组讨论新闻发布系统页面的风格、特点和版式要求。接着各小组组长向其他同学讲述自己小组的讨论结果，教师、其他小组对其发言进行评价，最终得出系统界面制作规范。

任务3 代码设计

教师引导学生思考并进行分析，学生根据教师的案例演示，分组讨论，分解任务，完成代码编写规范的制定，教师点评学生存在的问题。

5.2 项目实施

任务1 数据库设计

1. 学生分组讨论，并制定数据库的命名规则；教师进行启发、引导

数据库的命名规则：一般情况下，采用Pascal样式或Camel样式命名数据库对象，使在开发基于数据库应用程序的时候通过ORM工具生成的数据访问代码不需要调整就符合程序开发语言(比如C#)命名规范。另外,关系型数据库同XML结合得越来越紧密,规范的命名越来越重要。

在实际数据库开发过程中,如果需求方已经提供数据库设计方案,建议以提供的方案为准;在原有数据库上进行升级开发时,在可行的情况下可适当做出设计调整以符合编程规范。

(1) 数据库的命名:采用Pascal样式命名,命名格式为[项目英文名称]。

示例:AdventureWorks

(2) 数据库表命名:采用Pascal样式命名,命名格式为[表名]。

示例:Employee、Product

表名以英文单数命名,主要是参考SQL Server 2005示例数据库,不采用复数是为了更好地使用ORM工具生成符合编程规范的代码(比如C#)。

2. 学生分组讨论并提取新闻发布系统中的实体

根据系统功能分析和模块划分,提取到新闻评论实体、新闻实体、新闻类别实体和用户实体。

3. 确定实体的属性

新闻评论:新闻序号标识、评论的新闻ID、作者ID、添加日期、评论正文、审核状态。

新闻:新闻标识、新闻标题、作者标识、新闻类别序列、添加日期、出处、正文、审核状态、评论状态、说明、浏览次数。

新闻类别:新闻类别序号标识、新闻类别名称、显示状态、详细描述。

用户:序号标识、登录名、密码、姓名或昵称、E-mail、注册日期、用户类别、备注。

4. 将实体及实体属性映射成数据表

新闻评论表(tComment),如表5-1所示。

表5-1 新闻评论表(tComment)

序号	列 名	数据类型	主键	允许空	默认值	说 明
1	ID	int	是	否		评论序号标识
2	NewsID	int		否		评论的新闻ID
3	AuthorID	int		否		作者ID
4	AddDate	datetime		否	getdate	添加日期
5	Contents	text		否		评论正文
6	Status	nvarchar(3)		否	待审核	状态

新闻表(tNews),如表5-2所示。

表5-2 新闻表(tNews)

序号	列 名	数据类型	主键	允许空	默认值	说 明
1	ID	int	是	否		主键,自增长
2	Title	nvarchar(50)		否		新闻标题

续表

序号	列　名	数据类型	主键	允许空	默认值	说　明
3	AuthorID	int		否		作者标识
4	CategoryID	int		否		新闻类别序列
5	AddDate	datetime		否	getdate	添加日期
6	ReferInfo	nvarchar(50)		是		出处
7	Contents	text		否		正文
8	Status	nvarchar(3)		否	待审核	状态
9	CommentStatus	nvarchar(4)		否	允许评论	评论状态
10	Remark	nvarchar(100)		是		说明
11	LiuLan	int		否	0	浏览次数

新闻类别表(tNewsCategory),如表5-3所示。

表5-3　新闻类别表(tNewsCategory)

序号	列　名	数据类型	主键	允许空	默认值	说　明
1	ID	int	是	否		新闻类别序号标识
2	CategoryName	nvarchar(10)		否		新闻类别名称
3	Status	nvarchar(3)		否	显示	状态(显示、不显示)
4	Remark	nvarchar(50)		是		详细描述

用户表(tUsers),如表5-4所示:

表5-4　用户表(tUsers)

序号	列　名	数据类型	主键	允许空	默认值	说　明
1	ID	int	是	否		序号标识
2	UserLoginID	varchar(30)		否		登录名
3	Password	varchar(50)		否		密码
4	UserName	nvarchar(10)		否		姓名或昵称
5	UserEmail	varchar(50)		是		E-mail
6	UserRegDate	datetime		否	getdate	注册日期
7	UserType	nvarchar(4)		否	普通用户	用户类别
8	Remark	nvarchar(100)		是		备注

5. 数据库的实施

(1) 首先创建数据库,具体步骤为:

① 打开Microsoft SQL Server Management Studio。

② 右键单击“数据库”,选择“新建数据库”;在“新建数据库”窗口中输入数据库名称:CMS,单击“确定”按钮,在打开的“数据库属性”窗口中输入数据文件和事务文件的保存位置。

(2) 其次新建数据表，具体步骤为：

① 右键单击“表”，在弹出的快捷菜单中选择“新建表”。

② 将前面分析的数据表中的字段输入“新建表”中，并选择相应的数据类型和长度。

(3) 最后建立数据表之间的关系，具体步骤为：

① 右键单击“CMS”数据库中的“数据库关系图”，从弹出的快捷菜单中选择“新建数据库关系图”。

② 在弹出的“添加表”窗口中选择所需的表。

③ 创建表间关系并保存该关系图。表间关系图如图5-1所示。

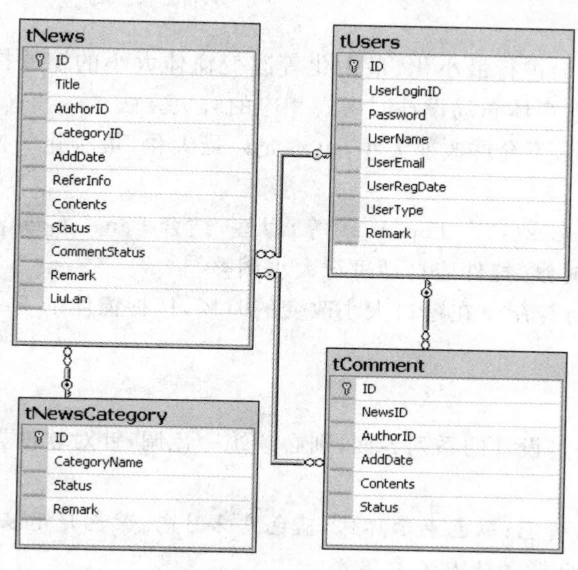

图5-1 表间关系图

任务2 界面设计

根据需求分析、系统界面设计的原则，学生分组讨论制作界面时应遵循的规范。各小组组长向其他同学讲述自己小组的讨论结果，教师、其他小组对其发言进行评价，最终得出系统界面的制作规范。

1. 控件布局

(1) 空间间距

窗体控件布局合理，绝对不能显得拥挤；拥挤的窗体控件布局让人难以理解，因而难以使用。所以要让人看上去不能太拥挤，也不能太松散。控件对窗体的覆盖率以不高于75%为宜。

控件间隔(垂直)：组与组之间间隔15，组内控件间间隔10。

控件间隔(水平)：组与组之间间隔15，组内控件间间隔10。

注：控件间间隔应该根据窗体的覆盖率灵活进行调整，但以大于10为宜；而且在整

个系统内采用统一的控件间隔。可以通过调整窗体大小达到一致,即使在窗体大小不变的情况下,宁可留空部分区域,也不要破坏控件间的间隔。

(2) 控件对齐

控件水平排列成一行时,采用水平中对齐,控件间隔按要求基本保持一致。行与行之间间隔相同,靠窗体边界距离应大于行间间隔。当窗体中有多个编辑区域时,以视觉效果和效率来分组组织这些区域。

(3) 文字对齐

界面文字(包括数字和英文字母),一般情况下都应垂直右对齐,并且使用中文全角标点符号。

(4) 窗口缩放

窗体不可避免地会进行最小化、最大化等改变窗体大小的缩放操作,为了使窗体界面不出现混乱,应该在窗体布局设计时考虑相应的解决方法。

① 固定窗口大小,不允许改变大小,也不允许最大化、最小化的操作,避免窗体界面出现混乱。

② 使用控件的 Dock(Fill、Top、Left 等)属性,结合 Panel、GroupBox 等控件进行设计,使窗体在缩放的时候,控件能自动进行大小调整。

③ 通过程序自行控制。在窗口大小改变的时候,捕捉窗体的 Resize 或 SizeChanged 事件进行相应处理。

2. 界面配色

(1) 如果使用经过设计的系列界面,则必须统一色调,针对软件类型以及用户工作环境选择恰当色调。

注:如安全选取黄色;绿色表示环保,蓝色意味时尚,紫色暗示浪漫等;淡色背景可以使人感到舒适,暗色做背景使人不觉得累。

(2) 如果不使用系列界面,采用标准界面则必须做到与操作系统统一 。

(3) 遵循对比原则:在浅色背景上使用深色文字,深色背景上使用浅色文字。

注:如蓝色文字以白色为背景容易识别,而在红色背景下则不易分辨,原因是红色与蓝色的对比度不够,而蓝色和白色的对比度很大,容易识别。除非特殊场合,杜绝使用对比强烈,让人产生厌恶的颜色。

(4) 整个界面色彩尽量不使用或少使用多种不同的颜色。

3. 控件风格

(1) 控件命名统一为"控件名简写+英文描述",英文描述首字母大写,如 TextBox 控件简写为 txt;"控件名称"一般根据控件的用途或者控件显示的内容进行命名,比如:LoginName,则整个控件可以命名为 txtLoginName。

(2) 系统中使用的控件、样式、前景色、背景色、功能、操作方式等尽量保持一致,并且符合系统的整体配色风格,避免给用户造成混乱的感觉。

(3) 当在某一特定条件下,某个控件用户不可用时,对控件 Enabled 属性设置为 False 而不是将 Visible 属性设为 False。

注：若用户显示文本的 RichText 控件有右键弹出菜单，则在系统内所有的 RichText 控件都应该一致地有右键弹出菜单。

4. 字体

一般情况下，中文字体使用宋体，9 号字；英文字体使用标准 Microsoft Sans Serif 字体。

注：在系统中，一定要使用标准字体，不考虑特殊字体(隶书、草书等特殊情况使用图片代替)，以保证每个用户使用系统时显示都正常。

5. 交互信息

在用户与计算机应用系统交互过程中，交互信息是极其重要的。它向用户提示有关系统的操作、运行状态、系统错误等各个方面的信息，让用户更好地了解和使用系统。

注：本规范中的交互信息主要包括系统提示信息(提示需要让用户注意的问题)、询问信息(是否继续某个操作)、警告信息(提示某个安全问题)、错误信息(系统运行时出现的错误信息)等。

系统中交互信息应遵循的原则有以下几点。

(1) 简洁易懂

尽量使用简单易懂的表述，杜绝使用生涩难懂的专业术语；注意断句，正确、合理地使用顿号、逗号等标点符号，内容有较大差别时，注意分段。

(2) 分类统一

按照提示信息、询问信息、警告信息、错误信息等进行分类。对每种信息提供的方式及相关的窗体设计、布局进行统一，包括窗体标题、使用的提示图片、字体、字体颜色、字体大小等。

注：错误信息统一使用弹出窗口，并使用错误标记，只留下"确定"按钮，统一窗口标题为"系统错误"，统一表述的语气及方式"系统出现错误：(错误内容)，请与系统管理员联系"。

(3) 合理使用

当用户的指令系统需要较长的时间进行处理时，系统应提供相应的信息，并在处理完成后给用户适当提示，以提示处理已经完成。

6. 其他方面

(1) Tab 键(TabIndex)

按 Tab 键激活控件的顺序一般按照从左至右、从上至下的顺序排列(注意设定 TabIndex 的值)。

(2) 快捷键、加速键以及辅助菜单

① 系统快捷键在菜单中进行描述，并在系统帮助中特别说明；避免使用与系统重复的快捷键(如 Ctrl＋Alt＋Del 组合键)。

② 辅助菜单必须在可视化窗体界面上拥有对应的按钮或者菜单选项。

任务3　代码设计

1. 学生分组讨论并总结三层架构的优点

三层架构的优点如下。

(1) 整个系统功能放在同一项目中实现。

(2) 开发人员可以只关注整个结构中的其中某一层。

(3) 可以降低层与层之间的依赖。

(4) 很容易用新的实现来替换原有层次的实现。

(5) 利于各层逻辑的复用。

(6) 有利于标准化。

2. 根据需求分析,学生分组讨论并总结编写本系统的代码规范

控件的缩写规范如表5-5所示。

表5-5　控件的缩写规范表

控件名	简写	控件名	简写
Web窗体		CheckBox	chk
Label	lbl	RadioButton	rdo
Button	btn	Image	img
HyperLink	hl	Calender	cld
ImageButton	imgbtn	Table	tbl
ListBox	lst	Xml	xml
DataList	dl	CompareValidator	cv
CheckBoxList	chkls	RegularExpressionValidator	rev
RadioButtonList	rdolt	CustomValidation	cv
Panel	pnl	TreeView	tv
AdRotator	ar	数据	
PlaceHolder	ph	DataSet	ds
RequiredFieldValidator	rfv	DataView	dv
RangeValidator	rv	SqlDataAdapter	sda
ValidatorSummary	vs	DataTable	dt
Literal	ltl	SqlConnection	sc
TextBox	txt	SqlCommand	scmd
LinkButton	lnkbtn	HTML	
Repeator	rpt	Label	lbl
DropDownList	ddl	ResetButton	rb
DataGrid	dg	TextField	tf

续表

控件名	简写	控件名	简写
FileField	ff	Function	Fnct
Checkbox	cb	Hexadecimal	Hex
Hidden	hdn	HighPriorityTask	HPT
FlowLayoutPanel	flp	I/O System	IOS
Image	img	Initialize	Init
Button	btn	Mailbox	Mbox
SubmitButton	sb	Manager	Mgr
TextArea	tr	Maximum	Max
PasswordField	pf	Message	Msg
RadioButton	rb	Minimum	Min
Table	tbl	Multiplex	Mux
GridLayoutPanel	glp	OperatingSystem	OS
Listox	lb	Overflow	Ovf
常用词缩写		Parameter	Param
Argument	Arg	Pointer	Ptr
Buffer	Buf	Previous	Prev
Clear	Clr	Priority	Prio
Clock	Clk	Read	Rd
Compare	Cmp	Ready	Rdy
Configuration	Cfg	Register	Reg
Context	Ctx	Schedule	Sched
Delay	Dly	Semaphore	Sem
Device	Dev	Stack	Stk
Disable	Dis	Synchronize	Sync
Display	Disp	Timer	Tmr
Enable	En	Trigger	Trig
Error	Err	Write	Wr

(1) 格式

格式规则包括在逻辑代码段之间放置空行来分隔代码段;在两个方法/函数/过程之间以空行来分割;在两个类或接口的定义之间放置空行来分隔;命名空间引入完毕之后放置空行。

① 类成员的摆放顺序(Class Order)

```
{
    static fields
    static properties
    static methods
    static constructors
    fields
    properties
    constructors
    methods
}
```

注：必须保持 private 方法被放置在使用该方法的其他方法之上，而在构造器(constructor)之下，即使该构造器有可能调用这些 private 方法。

② 文件格式

文件注释必须第一个存在。接着是命名空间的定义。在命名空间下首先应该是 using 指令。最后是类型的注释。

示例如下：

```
#001 /*****************************************
#002 文件注释
#003 *****************************************/
#004 namespace testMail
#005 {
#006     using System;
#007
#008     ///<summary>
#009     ///Form1 的摘要说明
#010     ///</summary>
#011     public class Form1 : System.Windows.Forms.Form
#012     {
#013     }
#014 }
```

注：不要让一行代码的长度超过 120 个字符，最好是低于 80 个字符。如果代码开始向右延伸得很长，就应该考虑把它分割成更多段。

断行规则：

- 在逗号的后面。
- 在操作符的前面。

断行的起始位置应该比原行表达式的起始位置缩进 4 个空格。

(2) 命名规则

使用下面的三种标识符约定。

① Pascal 大小写：将标识符的首字母和后面连接的每个单词的首字母都大写。可以对三字符或更多字符的标识符使用 Pascal 大小写，例如：BackColor。

② Camel 大小写：标识符的首字母小写，而每个后面连接的单词的首字母都大写，例如：backColor。

③ 大写：标识符中的所有字母都大写，仅对于由两个或者更少字母组成的标识符使用该约定，例如：System. IO。

大写规则以及不同类型的标识符的示例如表 5-6 所示。

表 5-6　大写规则及标识符示例

标　识　符	大 小 写	示　　例
类	Pascal	AppDomain
枚举类型	Pascal	ErrorLevel
枚举值	Pascal	FatalError
事件	Pascal	ValueChange
异常类	Pascal	WebException
注：总是以 Exception 后缀结尾。		
只读的静态字段	Pascal	RedValue
接口	Pascal	IDisposable
注：总是以 I 前缀开始。		
方法	Pascal	ToString
命名空间	Pascal	System. Drawing
参数	Camel	typeName
属性	Pascal	BackColor
受保护的实例字段	Camel	redValue
注：很少使用。属性优于使用受保护的实例字段。		
公共实例字段	Pascal	RedValue
注：很少使用。属性优于使用公共实例字段。		
私有字段	Camel	size
局部变量	Camel	score
方法参数	Camel	age

为了避免混淆和保证跨语言交互操作，请遵循有关缩写的下列规则。

① 不要将缩写或缩略形式用作标识符名称的组成部分。例如，使用 GetWindow，而不要使用 GetWin。

② 不要使用计算机领域中未被普遍接受的缩写。

③ 在适当的时候，使用众所周知的缩写替换冗长的词组名称。例如，用 UI 作为 User Interface 的缩写，用 OLAP 作为 On-line Analytical Processing 的缩写。

④ 在使用缩写时，对于超过两个字符长度的缩写请使用 Pascal 大小写或 Camel 大小写。例如，使用 htmlButton 或 HtmlButton。但是，应当大写仅有两个字符的缩写，如 System. IO，而不是 System. Io。

注：不要在标识符或参数名称中使用缩写。如果必须使用缩写，对于由多于两个字符所组成的缩写请使用 Camel 大小写，虽然这和单词的标准缩写相冲突。

(3) 注释的原则

① 避免使用装饰物。

② 保持注释的简洁。

③ 在写代码之前写注释。

④ 注释出为什么做了一些事，而不仅仅是做了什么。

注释部分详见表 5-7。

表 5-7 注释的原则

项 目	注 释
实参/参数	参数类型 参数用来做什么 任何约束或前提条件
字段/属性	字段描述 注释所有使用的不同变量 可见性决策
类	类的目的 类的开发/维护历史 注释出采用的不同变量 版权信息
编译单元	每一个类/类内定义的接口，含简单的说明文件名和/或标识信息版权信息
接口	目的 它应如何被使用以及如何不被使用
局部变量	用处/目的
成员函数注释	成员函数做什么以及它为什么做这个 哪些参数必须传递给一个成员函数 成员函数返回什么 任何由某个成员函数抛出的异常 成员函数是如何改变对象的 包含任何修改代码的历史 如何在适当情况下调用成员函数的例子
成员函数 内部注释	控制结构 代码做了些什么以及为什么这样做 局部变量

(4) 编码

一种提高代码可读性的方法是给代码分段，在代码块内让代码缩进。所有在括号“{}”之内的代码构成一个块。基本思想是：块内的代码都应统一地缩进去一个单位。

C#的约定：开括号放在块的所有者所在行的下面并缩进一级，闭括号也应缩进一级。

在代码中使用空白。将代码分为一些小的、容易理解的部分，可以使它的可读性更好。建议采用一个空行来分隔代码的逻辑组，例如控制结构，采用两个空行来分隔成员函数定义。

遵循30秒法则。如果另一个程序员无法在30秒内知道你的函数在做什么，如何做以及为什么要这样做，那么说明你的代码是难以维护的，需要得到提高。

写短小单独的命令行。每一行代码只做一件事情，应使代码尽量容易理解，从而更容易维护和改进。正如同一个成员函数应该并且只能做一件事一样，一行代码也只应做一件事情。

应让代码在一个屏幕内可见，也不应向右滚动编辑窗口来读取一整行代码，包括含有行内注释语句的代码。

(5) 范围规范

原则上类的成员变量必须总是private，尽量少用protected和public，但以下情况例外。

① 内部类的成员变量(可以为public)。

② 子类可继承的基类成员变量(可以为protected)。

③ 并发控制中的信号变量(可以为public)。

5.3 常见问题解析

【问题1】 在数据库设计中怎样能够满足控件和效率的要求?

【答】 ①使用varchar而不要使用char字段。对于不定长信息(例如用户的简介信息)，varchar的使用可以减少近一半的空间占用。当然这点不能一概而论，例如用相应长度的char存储定长文本数据就比varchar来的合适。②不要使用BLOB字段存放“大数据”。因为对于一般信息系统而言，最长的字段往往是一些描述文本信息，而DBMS对char/varchar的长度基本能满足这种需求。因此建议设计者对一些貌似很长的文本的最大允许长度进行确认，在此基础上参照DBMS中的开发手册来决定是否采用大字段。③不要使用设计器默认的字段长度。④不要轻易使用unicode文本字段。DBMS对unicode的支持在帮助产品国际化的同时，也在一定程度上带来空间上的浪费，尤其是在当要存储的文本基本都是ASCII字符的情况下，这种浪费尤为明显。⑤用预计算表来提高响应速度。跟数据仓库里面的某些思路相似，当业务逻辑中需要用到根据历史信息得来的统计数据时，最好由独立于系统的预计算模块或相应的DW工具定期完成这些统计数据的预计算。

【问题2】 什么是视觉平衡?怎样做到界面中的视觉平衡?

【答】 网页设计时，需要各种元素(如图形、文字、空白)有视觉作用。根据视觉原理，图形与一块文字相比较，图形的视觉作用要大一些。所以，为了达到视觉平衡，在设计网页时需要以更多的文字来平衡一幅图片。另外，按照中国人的阅读习惯是从左到右，从上到下，因此视觉平衡也要遵循这个道理。例如，若很多的文字是采用左对齐<Align=left>，则需要在网页的右面加一些图片或一些较明亮、较醒目的颜色。一般情况下,每张网页都会设置一个页眉部分和一个页脚部分,页眉部分常放置一些 Banner 广告或导航条,而页脚部分通常放置联系方式和版权信息等,页眉和页脚在设计上也要注重视觉平衡。同时,也决不能低估空白的价值。如果网页上所显示的信息非常密集,不但不利于读者阅读,甚至会引起读者反感,破坏该软件的形象。在网页设计上,适当增加一些空白,精练网页,会起到很好的作用。

5.4 拓展实践指导

根据本章的任务内容,完成新闻发布系统的系统设计并编制系统设计说明书。

第6章

"新闻发布系统"系统实施——用户管理

6.1 项目分析

本章主要讲的是新闻发布系统的用户管理模块的设计与实现。用户管理是软件系统最基本的功能,有了用户才能够依据相应的权限去查询、添加、管理相应的信息资源。用户管理一般应该包含注册、登录、修改和删除等功能。新闻发布系统的用户管理应当是先注册再登录,管理员给用户分配相应的权限后,用户再登录即可进行修改个人信息、密码及授权的操作,管理员还可以查看、修改和删除用户信息。按照实际工作过程,将以上项目分为5个工作任务。

任务1　注册用户

用户只有注册后才能发布新闻和添加评论,通过页面输入用户名、密码、昵称等注册信息,验证成功后保存注册信息到数据库,注册成功后该用户一般为普通用户,可由管理员升级为管理员权限,功能效果如图6-1所示。

任务2　登录系统

用户注册成功后,可通过用户名、密码登录系统。登录系统功能要判断用户输入的用户名、密码、验证码全部正确后才能转入登录成功页,否则提示错误,功能效果如图6-2所示。

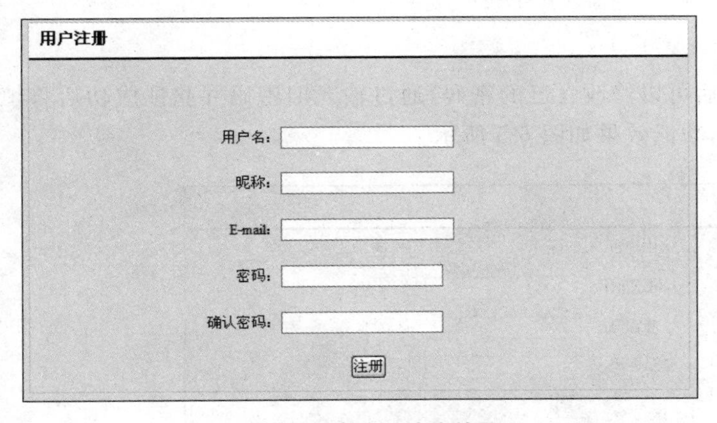

图6-1　用户注册功能效果

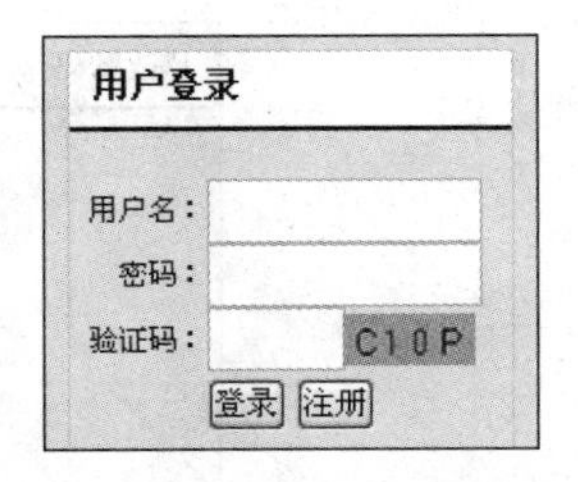

图6-2　登录系统效果

任务 3　管理用户

管理员用户登录后，可以显示现有的所有用户信息，也可以通过用户名搜索某一特定用户信息，管理员可以删除用户，也可以修改用户的个人信息和权限，通过链接到修改页面，修改后可保存到数据库并刷新用户列表，功能效果如图 6-3 所示。

图 6-3　管理用户效果

任务 4　修改个人信息

管理员或普通用户登录后可以修改自己的基本信息，通过页面首先显示用户名、姓名等信息，修改后可保存信息到数据库，功能效果如图 6-4 所示。

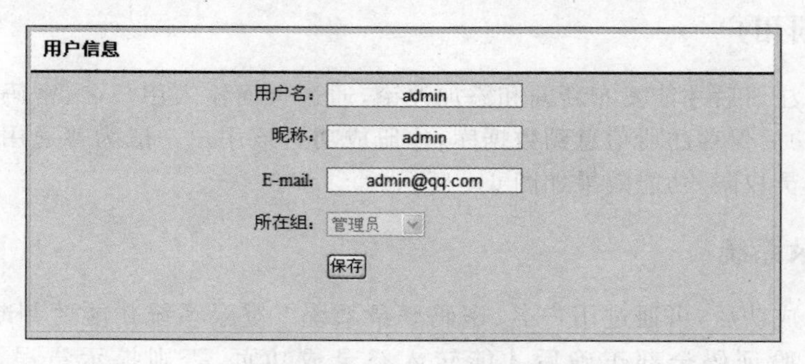

图 6-4　修改个人信息效果

任务 5　修改密码

管理员或普通用户登录后可以修改自己的密码，通过输入旧密码并验证成功后将填写的新密码保存到数据库中，功能效果如图 6-5 所示。

修改密码
用户名：admin
旧密码：
新密码：
确认密码：
保存

图 6-5　修改密码效果

6.2 项目实施

任务1 注册用户

用户注册是创建用户的一个主要方法，主要实现由用户输入用户名、密码、昵称等信息完成注册。注册用户的页面设计效果如图 6-6 所示。

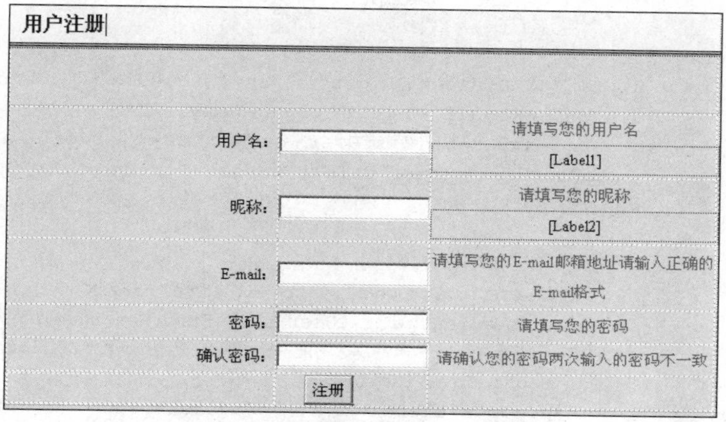

用户注册

用户名： 请填写您的用户名 [Label1]

昵称： 请填写您的昵称 [Label2]

E-mail： 请填写您的E-mail邮箱地址请输入正确的E-mail格式

密码： 请填写您的密码

确认密码： 请确认您的密码两次输入的密码不一致

注册

图 6-6 注册用户的页面设计效果

注册用户页面设计主要由文本框作为用户名、密码等信息的输入控件组成。密码和确认密码不能用明文显示，必须由密码文本框输入。由于注册信息都是必填项，可以使用必填验证控件去判断用户必须输入信息，同时还要对邮箱和确认密码框进行格式验证和比较验证。

该功能主要的页面代码如下：

```
<table class="style1" style="margin-top: 50px; height: 250px; text-align:
center;">
    <tr>
        <td style="text-align: right" class="style3">用户名：</td>
        <td class="style2">
            <asp:TextBox ID="txtUserLoginID" runat="server" AutoPostBack=
            "True"
                OnTextChanged="txtUserLoginID_TextChanged" MaxLength="20"></
                asp:TextBox>
        </td>
            <td>
                <asp:RequiredFieldValidator ID="valrUserLoginID" runat =
                "server" ControlToValidate="txtUserLoginID" ErrorMessage="请填
                写您的用户名" ValidationGroup="验证" Display="Dynamic" Visible=
                "True"></asp:RequiredFieldValidator>
```

```
            <asp:UpdatePanel ID="UpdatePanel2" runat="server" UpdateMode=
            "Conditional">
                <ContentTemplate><asp:Label ID="Label1" runat="server">
                </asp:Label>
                </ContentTemplate>
                <Triggers><asp:AsyncPostBackTrigger ControlID="txtUserLoginID"
                EventName="TextChanged" /></Triggers>
            </asp:UpdatePanel>
        </td>
</tr>
    <tr>
        <td style="text-align: right" class="style3">昵称：</td>
        <td style="text-align: left" class="style2">
            <asp:TextBox ID="txtUserName" runat="server" MaxLength="20"
            AutoPostBack="True" OnTextChanged="txtUserName_TextChanged">
            </asp:TextBox>
        </td>
        <td>
            <asp:RequiredFieldValidator ID="valrUserName" runat="server"
            ControlToValidate="txtUserName" ErrorMessage="请填写您的昵称"
            ValidationGroup =" 验 证 " Display =" Dynamic " > </asp:
            RequiredFieldValidator>
             <asp: UpdatePanel  ID =" UpdatePanel3 "  runat =" server "
             UpdateMode="Conditional">
                 <ContentTemplate><asp:Label ID="Label2" runat="server">
                 </asp:Label>
                 </ContentTemplate>
                 <Triggers > < asp: AsyncPostBackTrigger  ControlID =
                 "txtUserName" EventName="TextChanged" /></Triggers>
             </asp:UpdatePanel>
        </td>
    </tr>
        <tr>
            <td style="text-align: right" class="style3">Email: </td>
            <td style="text-align: left" class="style2">
                <asp:TextBox ID="txtEmail" runat="server" MaxLength="20">
                </asp:TextBox>
            </td>
            <td>
                <asp:RequiredFieldValidator ID="valrEmail" runat="server"
                ControlToValidate =" txtEmail "  Display =" Dynamic "
                ErrorMessage="请填写您的E-mail邮箱地址" ValidationGroup=
                "验证"></asp:RequiredFieldValidator>
                <asp:  RegularExpressionValidator  ID  ="  RegularExpression
                Validator1 "  runat =" server "  ControlToValidate =" txtEmail "
                Display=" Dynamic" ErrorMessage ="请输入正确的E-mail格式"
                ValidationExpression="\w+([-+.']\w+)*@\w+([-.]\w+)*\.\w+
                ([-.] \ w +)  * "  ValidationGroup =" 验  证 "  >  </asp:
                RegularExpressionValidator>
```

```
            </td>
        </tr>
        <tr>
            <td style="text-align: right" class="style3">密码:</td>
            <td style="text-align: left" class="style2">
                <asp: TextBox ID =" txtPwd " runat =" server " TextMode =
                "Password" MaxLength="20"></asp:TextBox>
            </td>
            <td>
                 <asp:RequiredFieldValidator ID="valrPwd" runat="server"
                 ControlToValidate="txtPwd"
                    ErrorMessage="请填写您的密码" ValidationGroup="验证">
                    </asp:RequiredFieldValidator>
            </td>
        </tr>
        <tr>
            <td style="text-align: right" class="style3">确认密码:</td>
            <td style="text-align: left" class="style2">
                    < asp: TextBox ID =" txtPwd2" runat =" server" TextMode =
                    "Password" MaxLength="20"></asp:TextBox>
            </td>
            <td>
                <asp: RequiredFieldValidator ID =" valrPwd2 " runat =
                "server" ControlToValidate =" txtPwd2" Display =" Dynamic"
                ErrorMessage="请确认您的密码" ValidationGroup="验证">
                </asp:RequiredFieldValidator>
                <asp: CompareValidator ID =" CompareValidator1" runat =
                "server" ControlToCompare =" txtPwd" ControlToValidate =
                "txtPwd2" Display="Dynamic" ErrorMessage="两次输入的密码不一
                致" ValidationGroup="验证"></asp:CompareValidator>
            </td>
        </tr>
        <tr>
            <td class="style3"></td>
            <td class="style2"><asp:Button ID="btnRegister" runat="server"
            Text="注册" OnClick="btnRegister_Click"ValidationGroup="验证" />
            </td>
            <td></td>
        </tr>
</table>
```

为了更好地设计和开发，本系统采用三层架构的体系结构，通过分解业务细节，将不同的功能代码分散开来，同时为可能的变更提供了更小的单元，这样十分有利于系统的维护和扩展。这里首先编写“用户”这个业务实体，即 Model 层，用于封装用户类数据结构。该类 C# 代码如下：

```
public partial class tUsers
{
    public tUsers()
    {}
    #region Model
    private int _id;
    private string _userloginid;
    private string _password;
    private string _username;
    private string _useremail;
    private DateTime _userregdate=DateTime.Now;
    private string _usertype="普通用户";
    private string _remark;
    ///<summary>
    ///序号标识
    ///</summary>
    public int ID
    {
        set{ _id=value;}
        get{return _id;}
    }
    ///<summary>
    ///登录名
    ///</summary>
    public string UserLoginID
    {
        set{ _userloginid=value;}
        get{return _userloginid;}
    }
    ///<summary>
    ///密码
    ///</summary>
    public string Password
    {
        set{ _password=value;}
        get{return _password;}
    }
    ///<summary>
    ///姓名或昵称
    ///</summary>
    public string UserName
    {
        set{ _username=value;}
        get{return _username;}
    }
    ///<summary>
    ///E-mail
    ///</summary>
```

```
    public string UserEmail
    {
        set{ _useremail=value;}
        get{return _useremail;}
    }
    ///<summary>
    ///注册日期
    ///</summary>
    public DateTime UserRegDate
    {
        set{ _userregdate=value;}
        get{return _userregdate;}
    }
    ///<summary>
    ///用户类别(管理员,普通用户)
    ///</summary>
    public string UserType
    {
        set{ _usertype=value;}
        get{return _usertype;}
    }
    ///<summary>
    ///备注
    ///</summary>
    public string Remark
    {
        set{ _remark=value;}
        get{return _remark;}
    }
    #endregion Model
}
```

"注册"按钮的后台代码主要如下：

```
Model.tUsers tUsers=new Maticsoft.Model.tUsers();
//将需要填写的信息存入 model
tUsers.UserLoginID=txtUserLoginID.Text.Trim();
tUsers.Password=txtPwd.Text.Trim();
tUsers.UserName=txtUserName.Text.Trim();
tUsers.UserEmail=txtEmail.Text.Trim();
tUsers.UserType="普通用户";

int sum=new BLL.tUsers().Add(tUsers);
if (sum>0)
{
    Response.Write("<script>alert('注册成功!'); window.location.href=
    'index.aspx';</script>");
```

```
}
else
{
    Response.Write("<script>alert('注册失败,请联系管理员!'); </script>");
}
```

其中,BLL. tUsers(). Add(tUsers)方法是注册用户的主要功能代码,其功能实现主要是调用 DAL 层的 tUsers 用户类的 Add 方法,主要代码如下:

```
public int Add(Model.tUsers model)
{
    StringBuilder strSql=new StringBuilder();
    strSql.Append("insert into tUsers(");
     strSql. Append ( " UserLoginID, Password, UserName, UserEmail, UserRegDate,
     UserType,Remark)");
    strSql.Append(" values (@UserLoginID,");
    strSql.Append("@Password,@UserName,@UserEmail,@UserRegDate,@UserType,@
   Remark)");
    strSql.Append(";select @@IDENTITY");
    SqlParameter[] parameters={
        new SqlParameter("@UserLoginID", SqlDbType.NVarChar,50),
        new SqlParameter("@Password", SqlDbType.NVarChar,50),
        new SqlParameter("@UserName", SqlDbType.NVarChar,50),
        new SqlParameter("@UserEmail", SqlDbType.NVarChar,50),
        new SqlParameter("@UserRegDate", SqlDbType.DateTime),
        new SqlParameter("@UserType", SqlDbType.NVarChar,50),
        new SqlParameter("@Remark", SqlDbType.NVarChar,50)};
    parameters[0].Value=model.UserLoginID;
    parameters[1].Value=model.Password;
    parameters[2].Value=model.UserName;
    parameters[3].Value=model.UserEmail;
    parameters[4].Value=model.UserRegDate;
    parameters[5].Value=model.UserType;
    parameters[6].Value=model.Remark;

    object obj=DbHelperSQL.GetSingle(strSql.ToString(), parameters);
    if (obj==null)
    {
        return 0;
    }
    else
    {
        return Convert.ToInt32(obj);
    }
}
```

这里之所以使用 Parameters 集合的 SQL 语句,是为了避免将输入的文字成为可执行代码,防止 SQL 注入。

任务2 登录系统

用户可通过用户名、密码以及验证码登录系统，登录功能设计效果如图6-7所示。

用户登录

用户名：	
密码：	
验证码：	
	登录 注册

图6-7 登录功能设计效果

用户名、密码和验证码这些输入仍然以文本框作为输入控件。其中验证码是为了防止频繁访问服务器设计的，一般让用户输入某一图像中的数字、字母，该图像的前台代码如下：

```
<img src="ValidateCode.aspx" height="22px" style="vertical-align:middle"
    onclick="this.src='ValidateCode.aspx?'+new Date().getTime();" width=
    "54px"/>
```

其中，ValidateCode.aspx是生成验证码图像的页面文件，它随机生成一个验证码并保存在Session["CheckCode"]中，并将验证码输出为一个图片。登录页面的验证码图像的单击事件调用了this.src='ValidateCode.aspx?'+new Date().getTime();方法，之所以在ValidateCode.aspx后加上new Date().getTime()，是因为以当前时间作为参数可以使每次单击生成不同的验证码。

生成验证码代码如下：

```
using System.Drawing;
public partial class ValidateCode : System.Web.UI.Page
{
    private void Page_Load(object sender, System.EventArgs e)
    {
        string checkCode=GetRandomCode(4);
        Session["CheckCode"]=checkCode;
        SetPageNoCache();
        CreateImage(checkCode);
    }

    ///<summary>
    ///设置页面不被缓存
    ///</summary>
    private void SetPageNoCache()
    {
        Response.Buffer=true;
```

```
        Response.ExpiresAbsolute=System.DateTime.Now.AddSeconds(-1);
        Response.Expires=0;
        Response.CacheControl="no-cache";
        Response.AppendHeader("Pragma", "No-Cache");
    }

    private string CreateRandomCode(int codeCount)
    {
        string allChar="0,1,2,3,4,5,6,7,8,9,A,B,C,D,E,F,G,H,i,J,K,M,N,P,Q,R,S,
        T,U,W,X,Y,Z";
        string[] allCharArray=allChar.Split(',');
        string randomCode="";
        int temp=-1;

        Random rand=new Random();
        for (int i=0; i <codeCount; i++)
        {
            if (temp !=-1)
            {
                rand=new Random(i * temp * ((int)DateTime.Now.Ticks));
            }
            int t=rand.Next(35);
            if (temp==t)
            {
                return CreateRandomCode(codeCount);//性能问题
            }
            temp=t;
            randomCode+=allCharArray[t];
        }
        return randomCode;
    }
    private string GetRandomCode(int CodeCount)
    {
        string allChar="0,1,2,3,4,5,6,7,8,9,A,B,C,D,E,F,G,H,i,J,K,M,N,P,Q,R,S,
        T,U,W,X,Y,Z";
        string[] allCharArray=allChar.Split(',');
        string RandomCode="";
        int temp=-1;

        Random rand=new Random();
        for (int i=0; i <CodeCount; i++)
        {
            if (temp !=-1)
            {
                rand=new Random(temp * i * ((int)DateTime.Now.Ticks));
            }

            int t=rand.Next(33);
```

```
            while (temp==t)
            {
                t=rand.Next(33);
            }
            temp=t;
            RandomCode+=allCharArray[t];
        }
        return RandomCode;
    }
    private void CreateImage(string checkCode)
    {
        int iwidth=(int)(checkCode.Length * 14);
        System.Drawing.Bitmap image=new System.Drawing.Bitmap(iwidth, 20);
        Graphics g=Graphics.FromImage(image);
        Font f = new System. Drawing. Font ( " Arial  ", 10);//, System. Drawing.
        FontStyle.Bold);
        Brush b=new System.Drawing.SolidBrush(Color.Black);
        Brush r=new System.Drawing.SolidBrush(Color.FromArgb(166, 8, 8));

        g.Clear(System.Drawing.ColorTranslator.FromHtml("#99C1CB"));  //背景色

        char[] ch=checkCode.ToCharArray();
        for (int i=0; i <ch.Length; i++)
        {
            if (ch[i] >='0' && ch[i] <='9')
            {
                //数字用红色显示
                g.DrawString(ch[i].ToString(), f, r, 3+(i * 12), 3);
            }
            else
            {  //字母用黑色显示
               g.DrawString(ch[i].ToString(), f, b, 3+(i * 12), 3);
            }
        }

        System.IO.MemoryStream ms=new System.IO.MemoryStream();
        image.Save(ms, System.Drawing.Imaging.ImageFormat.Jpeg);

        Response.Cache.SetNoStore();//history back 不重复
        Response.ClearContent();
        Response.ContentType="image/Jpeg";
        Response.BinaryWrite(ms.ToArray());
        g.Dispose();
        image.Dispose();
    }
}
```

登录事件的后台代码如下：

```
if ((Session["CheckCode"] !=null) && (Session["CheckCode"].ToString() !=""))
{
    if (Session["CheckCode"].ToString().ToLower() !=this.txtCheckCode.Text.
    ToLower())
    {
        Session["CheckCode"]=null;
        this.txtCheckCode.Text="";
        Response.Write("<script>alert('验证码输入有误!')</script>");
        return;
    }
    else
    {
        Session["CheckCode"]=null;
    }
}
else
{
    Response.Redirect("~/index.aspx");
}
DataSet dt=new BLL.tUsers().Validate(txtUserID.Text.Trim(),txtPwd.Text.Trim
());
//判断用户名密码是否存在
if (dt.Tables[0].Rows.Count >0) //如存在,登录成功
{
    if (dt.Tables[0].Rows[0]["usertype"].ToString()=="禁止用户")
    {
        Response.Write("<script>alert('该用户已被禁止登录!');window.location.
        reload(); </script>");
        return;
    }
    //设置 session
    Session["userName"]=dt.Tables[0].Rows[0][3].ToString().Trim();
    Session["userType"]=dt.Tables[0].Rows[0][6].ToString().Trim();
    Session["userID"]=dt.Tables[0].Rows[0][0].ToString().Trim();
    if (Session["UserType"] !=null)
    {
        //如登录,判断所在用户组跳转对应管理页面
        if (dt.Tables[0].Rows[0]["usertype"].ToString()  =="普通用户")
        {
            Page. ClientScript. RegisterStartupScript (Page. GetType ( ),"",
            "< script>alert ('恭喜您"+txtUserID.Text+",登录成功!');{window.
            location.reload()}</script>");
        }
        else if (dt.Tables[0].Rows[0]["usertype"].ToString()=="管理员")
        {
            Page. ClientScript. RegisterStartupScript (Page. GetType ( ),"",
            "< script>alert ('恭喜您,管理员"+txtUserID.Text+",登录成功!');
            {location.href='adminmanage.aspx'}</script>");
```

```
        }
    }
}
else    //如不存在,登录失败
{
    Response.Write("<script>alert('用户名或密码错误,请重新登录!');window.
    location.reload();</script>");
}
```

任务 3　管理用户

管理员用户登录后,可以显示所有的用户信息,也可以搜索某一特定用户,还可以删除、修改用户,管理用户的控件设置如图 6-8 所示。

用户管理

用户查询：[　　　　] 根据用户名查询 [查询]

用户名	昵称	E-mail	用户组	修改	删除
数据绑定	数据绑定	数据绑定	数据绑定	修改	删除
数据绑定	数据绑定	数据绑定	数据绑定	修改	删除
数据绑定	数据绑定	数据绑定	数据绑定	修改	删除
数据绑定	数据绑定	数据绑定	数据绑定	修改	删除
数据绑定	数据绑定	数据绑定	数据绑定	修改	删除

图 6-8　管理用户的控件设置

用户显示主要使用 GridView 控件显示,对应的 HTML 代码如下:

```
<asp:GridView ID="gvuser" runat="server" AutoGenerateColumns="False"
    DataKeyNames="id"
    EmptyDataText="暂无用户数据" onrowdeleting="gvuser_RowDeleting">
    <Columns>
        <asp:BoundField DataField="UserLoginID" HeaderText="用户名" />
        <asp:BoundField DataField="UserName" HeaderText="昵称" />
        <asp:BoundField DataField="UserEmail" HeaderText="E-mail" />
        <asp:BoundField DataField="UserType" HeaderText="用户组" />
        <asp:HyperLinkField DataNavigateUrlFields="id"
            DataNavigateUrlFormatString="~/modifyuserinfo.aspx?id={0}"
            HeaderText="修改"
            Text="修改" />
        <asp:CommandField HeaderText="删除" ShowDeleteButton="True" />
    </Columns>
</asp:GridView>
```

显示用户和删除用户的主要后台代码如下:

```
protected void Page_Load(object sender, EventArgs e)
```

```
{
    if (!IsPostBack)
    {
        Bind();
    }
}
//用户删除
protected void gvuser_RowDeleting(object sender, GridViewDeleteEventArgs e)
{
    bool b = new BLL. tUsers ( ). Delete (Convert. ToInt32 (gvuser. DataKeys [e.
    RowIndex].Value));
    if(b)
    {
        Response.Write("<script>alert('删除成功!')</script>");
        Bind();
    }
    else
    {
        Response.Write("<script>alert('删除失败!')</script>");
    }
}
protected void Bind()
{
    gvuser.DataSource=new BLL.tUsers().GetAllList();
    gvuser.DataBind();
}
```

修改用户信息需要到修改页面,这里使用页面传值实现用户信息的加载,修改页面如图 6-9 所示。用户名一般不允许修改,可将用户名文本框设为只读。在此可以设置用户权限为普通用户还是管理员,还可以禁用此用户使其不能登录系统。用户修改功能与注册用户功能类似,此处不再赘述。

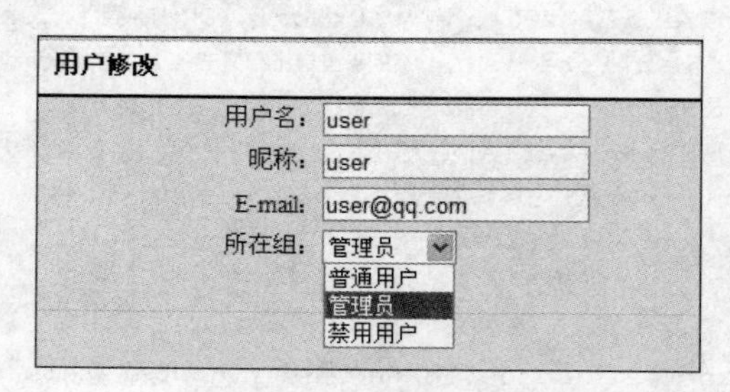

图 6-9 修改用户页面

任务 4 修改个人信息

管理员可以修改其他用户的信息,包括用户权限。但是普通用户登录后只能修改自己的基本信息,如用户名、昵称等,修改个人信息的控件设置如图 6-10 所示。

用户信息

用户名：

昵称： *

E-mail： * E-mail格式不正确

所在组： 普通用户

保存 修改

图 6-10 修改个人信息控件设置

同管理员修改用户信息类似，由文本框作为输入控件，用户名不允许修改该文本框被设为只读。用户不可修改自己的权限，但是需要显示自己权限，权限仍用下拉表表示，但是禁用权限选择项，同时注意仍需要加上必填验证和格式验证。修改个人信息前台代码如下：

```
<h4>用户信息</h4>
<table>
    <tr>
        <td style="text-align: right" class="style1">用户名：</td>
        <td style="text-align: left" class="style2" >
            <asp:TextBox ID="txtUserLoginID" runat="server" ReadOnly="True"
            MaxLength="20"></asp:TextBox></td>
            <td class="style4"> </td>
    </tr>
        <tr>
            <td style="text-align: right" class="style1">昵称：</td>
            <td style="text-align: left" class="style2" >
                <asp:TextBox ID="txtUserName" runat="server" MaxLength="20"
                ReadOnly =" True " AutoPostBack =" True " ontextchanged =
                "txtUserName_TextChanged"></asp:TextBox>
            </td>
            <td style="text-align: left" class="style4">
                  <asp:RequiredFieldValidator ID="RequiredFieldValidator2"
                  runat="server" ControlToValidate="txtUserName" ErrorMessage=
                  "*"></asp:RequiredFieldValidator>
            <asp:UpdatePanel ID="UpdatePanel1" runat="server" UpdateMode=
            "Conditional">
                  <ContentTemplate>
                      <asp:Label ID="Label1" runat="server"></asp:Label>
                  </ContentTemplate>
                  <Triggers>
                      <asp: AsyncPostBackTrigger ControlID =" txtUserName "
                      EventName="TextChanged" />
                  </Triggers>
```

```
            </asp:UpdatePanel></td>
        </tr>
            <tr>
                <td class="style1" style="text-align: right">Email: </td>
                <td style="text-align: left" class="style2" >
                    <asp:TextBox ID="txtUserEmail" runat="server" ReadOnly=
                    "True"></asp:TextBox></td>
                <td style="text-align: left" class="style3">
                    <asp:RequiredFieldValidator ID="RequiredFieldValidator1"
                    runat="server"
                        ControlToValidate=" txtUserEmail " Display =" Dynamic "
                        ErrorMessage="*"
                        ValidationGroup="info"></asp:RequiredFieldValidator>
                    <asp: RegularExpressionValidator ID =" RegularExpression
                    Validator1" ControlToValidate =" txtUserEmail " Validation
                    Expression="\w+([-+.']\w+)*@\w+([-.]\w+)*\.\w+([-.]\w+)
                    *" ErrorMessage="E-mail格式不正确" runat="server" Display=
                    "Dynamic" ></asp:RegularExpressionValidator>
                </td>
            </tr>
        <tr>
            <td style="text-align: right" class="style1">所在组：</td>
            <td style="text-align: left" class="style2">
                <asp: DropDownList ID =" DropDownList1 " runat =" server "
                Enabled="False">
                    <asp:ListItem>普通用户</asp:ListItem>
                <asp:ListItem>管理员</asp:ListItem>
                </asp:DropDownList>
            </td>
            <td class="style4"> </td>
        </tr>
        <tr>
            <td class="style1"> </td>
            <td style="text-align: left" class="style2" >
                <asp:Button ID="btnSave" runat="server" onclick="btnSave_
                Click" Text="保存"
                    ValidationGroup="info" Visible="False" />
                <asp:Button ID="btnxiugai" runat="server" onclick="btnxiugai_
                Click" Text="修改" />
            </td>
            <td class="style4"> </td>
        </tr>
</table>
```

修改按钮的后台代码如下：

```
protected void btnSave_Click(object sender, EventArgs e)
```

```
{
    if (Label1.Text !="该昵称已存在,不能使用")
    {
        string userid=Session["userID"].ToString();
        Model.tUsers model=new BLL.tUsers().GetModel(Convert.ToInt32(userid));
        model.ID=Convert.ToInt32(userid);
        model.UserName=txtUserName.Text.Trim();
        model.UserEmail=txtUserEmail.Text.Trim();
        model.UserType=DropDownList1.SelectedValue.ToString();
        bool b=new BLL.tUsers().Update(model);
        if (b)
        {
                Page.ClientScript.RegisterStartupScript(GetType(),"message",
                "<script>alert('用户信息修改成功!');</script>");
            Bind();
        }
        else
        {
                Page.ClientScript.RegisterStartupScript(GetType(),"message",
                "<script>alert('用户信息修改失败!');</script>");
            Bind();
        }
    }
    else
    {
        Label1.Visible=true;
    }
}
protected void Bind()
{
    string userid=Session["userID"].ToString();
    Model.tUsers model=new BLL.tUsers().GetModel(Convert.ToInt32(userid));
    txtUserLoginID.Text=model.UserLoginID.ToString();
    txtUserName.Text=model.UserName.ToString();
    userName=model.UserName.ToString();
    txtUserEmail.Text=model.UserEmail.ToString();
    DropDownList1.SelectedValue=model.UserType.ToString();
}
```

任务5 修改密码

用户登录后可以修改自己的密码,只有判断旧密码正确后才能将填写的新密码保存。修改密码的控件设置如图 6-11 所示。

这里的三个密码框全部使用文本框,并将 TextMode 属性设置为 Password,同时进行必填验证和一致性验证。修改密码前台代码如下所示。

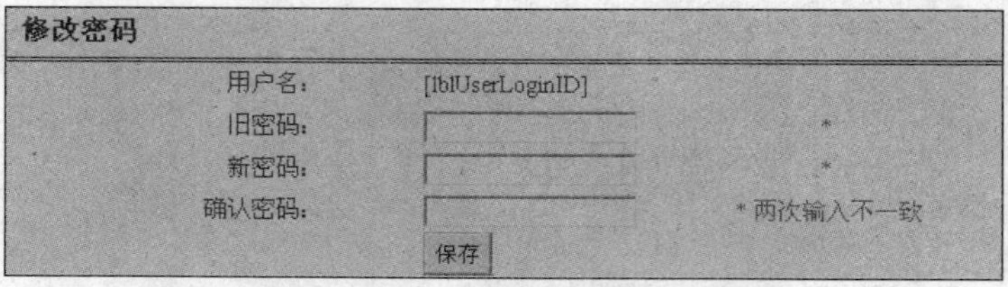

图 6-11　修改密码的控件设置

```
<h4>修改密码</h4>
<table>
    <tr>
        <td class="style1">用户名：</td>
        <td class="style2"><asp:Label ID="lblUserLoginID" runat="server">
        </asp:Label></td>
        <td class="style4"></td>
    </tr>
    <tr>
        <td style="text-align: right" class="style1">旧密码：</td>
        <td style="text-align: left" class="style2">
            <asp:TextBox ID="txtOldPwd" runat="server" TextMode="Password"
            MaxLength="20"></asp:TextBox></td>
        <td class="style4">
            <asp:RequiredFieldValidator ID="RequiredFieldValidator3" runat=
            "server" ControlToValidate =" txtOldPwd " ErrorMessage =" * "
            ValidationGroup="pwd"></asp:RequiredFieldValidator>
        </td>
    </tr>
    <tr>
        <td class="style1">新密码：</td>
        <td style="text-align: left" class="style2">
            <asp:TextBox ID="txtNewPwd" runat="server" TextMode="Password"
            MaxLength="20"></asp:TextBox></td>
        <td class="style4">
            <asp:RequiredFieldValidator ID="RequiredFieldValidator4" runat=
            "server" ControlToValidate="txtNewPwd" ErrorMessage=" * " ></asp:
            RequiredFieldValidator></td>
    </tr>
        <tr>
            <td class="style1">确认密码：</td>
            <td class="style2"><asp:TextBox ID="txtNewPwd2" runat="server"
            TextMode="Password" MaxLength="20"></asp:TextBox></td>
            <td class="style3">
                    <asp:RequiredFieldValidator ID="RequiredFieldValidator5"
                    runat="server" ControlToValidate ="txtNewPwd2" ErrorMessage =
                    " * " Display="Dynamic"></asp:RequiredFieldValidator>
```

```
                <asp:CompareValidator ID="CompareValidator1" runat="server"
                ControlToCompare="txtNewPwd" ControlToValidate="txtNewPwd2"
                Display="Dynamic" ErrorMessage="两次输入不一致"></asp:
                CompareValidator></td>
        </tr>
        <tr>
            <td class="style1"> </td>
            <td class="style2"><asp:Button ID="btnPwdSave" runat="server"
            onclick="btnPwdSave_Click" Text="保存" /></td>
            <td class="style4"> </td>
        </tr>
</table>
```

修改密码的后台代码如下：

```
protected void btnPwdSave_Click(object sender, EventArgs e)
{
    if (Page.IsValid)
    {
        string userid=Session["userID"].ToString();
        DataSet dt=new BLL.tUsers().Validate(userid,txtOldPwd.Text.Trim());
        if (dt.Tables[0].Rows.Count >0)
        {
            Model.tUsers tUser=new Maticsoft.Model.tUsers();
            tUser.ID=Convert.ToInt32(userid);
            tUser.Password=txtNewPwd.Text.Trim();
            bool b=new BLL.tUsers().UpdatePassword(tUser);
            if (b)
            {
                Session.Contents.RemoveAll();
                 Response.Write("<script>alert('密码修改成功,请重新登录');
                 window.location.href='index.aspx';</script>");
            }
            else
            {
                 Page.ClientScript.RegisterStartupScript(GetType(),"message",
                 "<script>alert('密码修改失败!');</script>");
                Response.Redirect("~/index.aspx");
            }
        }
        else
        {
               Page.ClientScript.RegisterStartupScript(GetType(),"message",
               "<script>alert('旧密码验证错误,请重新输入!');</script>");
            txtNewPwd.Text="";
            txtNewPwd2.Text="";
            txtOldPwd.Text="";
```

```
            }
        }
    }
```

6.3 常见问题解析

【问题1】 页面中为什么要使用验证控件?

【答】 验证控件可检查输入的数据是否合法。验证控件包含必填验证控件、比较验证控件、范围验证控件、正则表达式验证控件和自定义验证控件。通过这些控件的设置可以减少很多错误,避免不必要的信息直接提交到服务器端,即减少了服务器端代码判断,又减轻了服务器的负载压力。

【问题2】 如何避免SQL注入式错误?

【答】 SQL注入是一种攻击方式。在这种攻击方式中,恶意代码被插入字符串中,然后将该字符串传递到SQL Server的实例以进行分析和执行。SQL注入的主要形式是直接将代码插入与SQL命令串联在一起并使其得以执行的用户输入变量之中。只要注入的SQL码语法正确,便无法采用编程方式来检测篡改。因此,必须验证所有用户输入,并仔细检查用户所用的SQL命令的代码,最好的方法是使用带参数的SQL语句。SQL Server中的Parameters集合提供了类型检查和长度验证。如果使用Parameters集合,则输入将被视为文字值而不是可执行代码,使用Parameters集合的另一个好处是可以强制执行类型和长度检查,范围以外的值将触发异常。

【问题3】 如何保存用户登录状态?

【答】 由于ASP.NET页面提交后不能保存变量的值,需要保存的信息必须通过数据库、文件或者内置对象存储。登录状态是一次会话过程间的操作状态,必须使用ASP.NET内置对象保存。ASP.NET提供的内置对象有Page、Request、Response、Application、Session、Server和Cookies。这些对象使用户更容易收集通过浏览器请求发送的信息、响应浏览器以及存储用户信息,以实现其他特定的状态管理和页面信息的传递。用于存储用户信息的有Application、Session和Cookies对象,一般用Session存储登录状态信息。当每个用户首次与服务器建立连接时,就与这个服务器建立了一个Session,同时服务器会自动为其分配一个SessionID,用以标识这个用户的唯一身份。Session对象的变量只是对一个用户有效,不同用户的会话信息用不同的Session对象的变量存储。在网络环境下Session对象的变量是有生命周期的,如果在规定的时间内没有对Session对象的变量刷新,系统会终止这些变量。

6.4 拓展实践指导

登录后应该能够退出系统以清除登录信息。如果直接关闭浏览器,实际上登录信息还是能保持一段时间的,若这段时间内有人通过该计算机再次浏览服务器就会不用登录即可看到之前用户的信息并有相应的权限。因此,应实现注销用户登录功能,退出时立即清除登录信息和状态。

第7章

“新闻发布系统”系统实施——新闻类别管理

7.1 项目分析

本章主要讲的是新闻发布系统的新闻类别管理模块的设计与实现。新闻发布系统里的新闻非常多。在新闻首页，如果新闻杂乱无章地显示，会使浏览者感到非常头疼。为了解决这个问题，可以将新闻按类目进行显示，这样浏览或查找新闻就会变得非常方便。为此，需要对新闻的分类进行相应的管理。新闻可以按照分类进行管理，以便把所有新闻文章组织到不同的文件夹中，这样为浏览者和管理员都提供了很大的方便。

对于新闻分类来说，在网站前台主要用来规范新闻的显示，在后台，管理员需要查看分类的列表，如果有分类的信息有误，还需要修改分类，如果某一类新闻不再需要，还应该能设置该新闻分类不显示，这样该类新闻将不再显示在新闻列表。另外，管理员还可以添加新的新闻分类。所以按照实际工作过程，将以上项目分为4个工作任务。

任务1　显示类别列表

管理员登录后，选择类别管理进入新闻类别管理页面，功能效果如图7-1所示。

新闻类别管理

类别序号	类别名称	编辑	是否显示
34	体育新闻	编辑	显示
35	国内新闻	编辑	显示
36	国际新闻	编辑	显示
37	社会新闻	编辑	显示
38	军事新闻	编辑	显示

图7-1　新闻类别管理效果

任务2　添加新闻类别

在类别管理页面下方有类别添加功能。添加新的新闻类别，要验证新添加的新闻类别在数据库中是否已经存在，如果存在，要给出正确的提示并可以重新输入。添加类别成功后要有相应的提示并刷新类别显示列表，功能效果如图 7-2 所示。

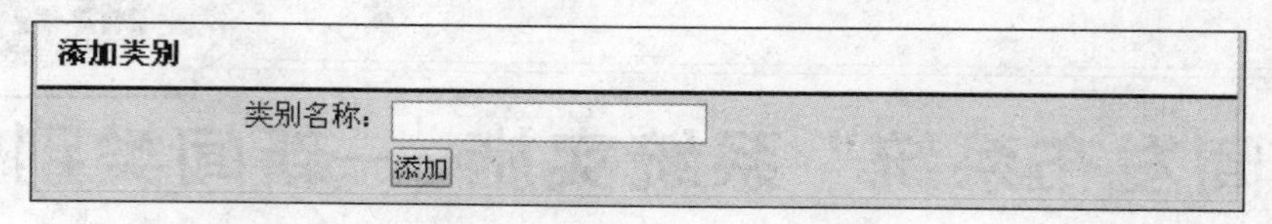

图 7-2　添加新闻类别效果

任务 3　修改新闻类别

新闻类别名称如果有错误或是根据实际情况需要进行修改时，单击类别后边的“编辑”。用户只需要修改类别名称，修改完成后单击“更新”按钮，注意验证不能将类别名称改成已经存在类别的名称，功能效果如图 7-3 所示。

新闻类别管理

类别序号	类别名称	编辑	是否显示
34	体育新闻	更新 取消	显示
35	国内新闻	编辑	显示
36	国际新闻	编辑	显示
37	社会新闻	编辑	显示
38	军事新闻	编辑	显示

图 7-3　修改新闻类别效果

任务 4　设置类别状态

如果某一类新闻不再需要，还应该能设置该新闻分类不显示。单击某个类别后边的“显示”按钮，将类别状态修改为“不显示”，这样该类新闻将不再显示在新闻列表，功能效果如图 7-4 所示。

搜索

国内新闻　军事新闻

来自网页的消息

类别显示状态已更新!

确定

新闻类别管理

类别序号	类别名称	编辑	是否显示
34	体育新闻	编辑	不显示
35	国内新闻	编辑	显示
36	国际新闻	编辑	显示
37	社会新闻	编辑	显示
38	军事新闻	编辑	显示

图 7-4　设置新闻类别状态效果

7.2 项目实施

任务1 显示类别列表

管理员登录后进入后台管理页面，单击左侧类别管理按钮，显示出新闻类别管理。新闻类别列表显示设计如图 7-5 所示。

新闻类别管理			
类别序号	类别名称	编辑	是否显示
数据绑定	数据绑定	编辑	数据绑定
数据绑定	数据绑定	编辑	数据绑定
数据绑定	数据绑定	编辑	数据绑定
数据绑定	数据绑定	编辑	数据绑定
数据绑定	数据绑定	编辑	数据绑定

图 7-5 新闻类别列表显示设计

页面的主要 HTML 代码如下：

```
<asp:GridView ID="gvCategory" runat="server" AutoGenerateColumns="False"
DataKeyNames="id"
        onrowdeleting="gvCategory_RowDeleting" EmptyDataText="暂无分类"
        onrowcancelingedit="gvCategory_RowCancelingEdit"
        onrowediting="gvCategory_RowEditing" onrowupdating="gvCategory_
        RowUpdating" >
    <Columns>
        <asp:BoundField DataField="id" HeaderText="类别序号" ReadOnly="true" />
        <asp:TemplateField HeaderText="类别名称">
            <ItemTemplate>
                <asp:Label ID="Label1" runat="server" Text='<%# Bind
                ("CategoryName")%>'></asp:Label>
            </ItemTemplate>
            <EditItemTemplate>
                <asp:TextBox ID="TextBox1" MaxLength="4" runat="server" Text=
                '<%#Bind("CategoryName") %>'></asp:TextBox>
            </EditItemTemplate>
        </asp:TemplateField>
    <asp:CommandField ShowEditButton="True" HeaderText="编辑" />
    <asp:TemplateField HeaderText="是否显示">
            <ItemTemplate>
                <asp:LinkButton ID="lbtnYes" runat="server" CausesValidation=
                "false"
                CommandArgument='<%#Eval("id") %>' Text='<%#Eval("Status") %>'
                OnClick="lbtnYes_Click"></asp:LinkButton>
            </ItemTemplate>
        </asp:TemplateField>
```

```
        <asp:TemplateField ShowHeader="False" HeaderText="删除" Visible=
        "False">
            <ItemTemplate>
                <asp:LinkButton ID="LinkButton1" runat="server"
                CausesValidation="False"
                    CommandName="Delete" OnClientClick="return confirm('所在类别下
                    的新闻和评论将全部删除!')" Text="删除"></asp:LinkButton>
            </ItemTemplate>
        </asp:TemplateField>
    </Columns>
</asp:GridView>
```

新闻类别列表显示具体实现的主要代码如下:

```
protected void Page_Load(object sender, EventArgs e)
{
    if (!IsPostBack)
    {
            Bind();
    }
}
protected void Bind()
{
    gvCategory.DataSource=new BLL.tNewsCategory().GetAllList();
    gvCategory.DataBind();
}
```

对应的 DAL 层 tNewsCategory.cs 中获取新闻类别列表的方法如下:

```
public DataSet GetList(string strWhere)
{
    StringBuilder strSql=new StringBuilder();
    strSql.Append("select ID,CategoryName,Status,Remark ");
    strSql.Append(" FROM tNewsCategory ");
    if(strWhere.Trim()!="")
    {
        strSql.Append(" where "+strWhere);
    }
    return DbHelperSQL.Query(strSql.ToString());
}
```

任务 2　添加新闻类别

首先学生自主实施,设计新闻类别添加页面,如图 7-6 所示。

添加功能对应的主要 HTML 代码如下:

添加类别	
类别名称：	*
	添加
	错误消息 1。
	错误消息 2。

图 7-6　新闻类别添加功能设计

```
<h4>添加类别</h4>
<table class="style1">
    <tr>
        <td style="text-align: right">
            类别名称：</td>
        <td style="text-align: left">
            <asp:TextBox ID="txtCategoryAdd" CssClass="text" runat="server"
            ValidationGroup="add" MaxLength="4"></asp:TextBox>
            <asp:RequiredFieldValidator ID="RequiredFieldValidator1" runat=
            "server"
                ControlToValidate="txtCategoryAdd" ErrorMessage="请输入类别名
                称" ValidationGroup="add">*</asp:RequiredFieldValidator>
        </td>
    </tr>
    <tr>
        <td>
             </td>
        <td style="text-align: left">
            <asp:Button ID="btnAdd" runat="server" Text="添加" ValidationGroup=
            "add"
                onclick="btnAdd_Click" />
            <asp:ValidationSummary ID="ValidationSummary1" runat="server"
                ShowMessageBox="True" ShowSummary="False" ValidationGroup=
                "add" />
        </td>
    </tr>
</table>
```

验证新添加的新闻类别在数据库中是否已经存在。如果存在要给出正确的提示并可以重新输入，添加类别成功后要有相应的提示并刷新类别显示列表，主要代码设计如下：

```
//添加类别
protected void btnAdd_Click(object sender, EventArgs e)
{
    model.CategoryName=txtCategoryAdd.Text.Trim();
    bool a=new BLL.tNewsCategory().Exists(model.CategoryName);
                                                //判断添加的类别是否存在
    if (a)
```

```
{
        Page. ClientScript. RegisterStartupScript (GetType ( )," message ",
        "<script>alert('类别名称不能重复存在!');</script>");
}
else        //如果不存在 才进行添加
{
    int b=new BLL.tNewsCategory().Add(model);
    if (b >0)
    {
            Page. ClientScript. RegisterStartupScript (Page. GetType ( ),"",
            "<script>alert('添加成功!');{window.location.reload()}
            </script>");
    }
    else
    {
            Page. ClientScript. RegisterStartupScript (GetType ( )," message",
            "<script>alert('添加失败!');</script>");
    }
 }
}
```

对应的 DAL 层 tNewsCategory. cs 中判断新添加的新闻类别是否存在的方法其主要代码如下：

```
///<summary>
///是否存在该记录
///</summary>
public bool Exists(string name)
{
    StringBuilder strSql=new StringBuilder();
    strSql.Append("select count(1) from tNewsCategory");
    strSql.Append("where CategoryName='"+name+"'");
    return DbHelperSQL.Exists(strSql.ToString());
}
```

DAL 层 tNewsCategory. cs 中添加新闻类别的方法主要代码如下：

```
public int Add(Maticsoft.Model.tNewsCategory model)
{
    StringBuilder strSql=new StringBuilder();
    strSql.Append("insert into tNewsCategory");
    strSql.Append("CategoryName,Status,Remark");
    strSql.Append(" values");
    strSql.Append("@CategoryName,@Status,@Remark");
    strSql.Append(";select @@IDENTITY");
    SqlParameter[] parameters={
        new SqlParameter("@CategoryName", SqlDbType.NVarChar,10),
        new SqlParameter("@Status", SqlDbType.NVarChar,3),
```

```
        new SqlParameter("@Remark", SqlDbType.NVarChar,50)};
    parameters[0].Value=model.CategoryName;
    parameters[1].Value=model.Status;
    parameters[2].Value=model.Remark;

    object obj=DbHelperSQL.GetSingle(strSql.ToString(),parameters);
    if (obj==null)
    {
        return 0;
    }
    else
    {
        return Convert.ToInt32(obj);
    }
}
```

任务3　修改新闻类别

新闻类别名称如果有错误或是根据实际情况需要进行修改时，单击类别后边的“编辑”。用户只需要修改类别名称，注意验证不能将类别名称改成已经存在类别的名称，修改完成后单击“更新”按钮，如果想终止修改操作，单击“取消”按钮取消操作。功能设置在新闻类别列表显示GridView——gvCategory的设置中已述，在此不赘述。

单击“编辑”按钮新闻类别名称处变为可编辑状态，具体代码如下：

```
//单击编辑
protected void gvCategory_RowEditing(object sender, GridViewEditEventArgs e)
{
    this.gvCategory.EditIndex=e.NewEditIndex;
    Bind();
}
```

单击“编辑”按钮后出现“更新”和“取消”两个按钮，单击“取消”按钮取消修改，具体代码如下：

```
//取消编辑状态
protected void gvCategory_RowCancelingEdit(object sender, GridViewCancel
EditEventArgs e)
{
    this.gvCategory.EditIndex=-1;
    Bind();
}
```

单击“更新”按钮，先进行类别名称的验证，如果数据库中已经存在相同的类名，给出提示不能修改，重新输入类别名称进行修改，主要实现代码如下：

```
//更新
protected void gvCategory_RowUpdating(object sender, GridViewUpdateEventArgs e)
{
    int id=Convert.ToInt32(gvCategory.DataKeys[e.RowIndex].Value);
    Model.tNewsCategory model=new BLL.tNewsCategory().GetModel(id);
    string categoryName= ((TextBox)(gvCategory.Rows[e.RowIndex].FindControl
    ("TextBox1"))).Text.ToString().Trim();
    bool a=new BLL.tNewsCategory().Exists(model.CategoryName);
                                                    //判断修改的类别是否存在
    if (a && categoryName !=model.CategoryName)
    {
        Page.ClientScript.RegisterStartupScript(GetType(),"message", "<script>
        alert('类别名称不能重复存在');</script>");
    }
    else                                            //如果不存在才进行更新
    {
        model.CategoryName=categoryName;
        bool b=new BLL.tNewsCategory().Update(model);
        if (b)
        {
                Page. ClientScript. RegisterStartupScript (Page. GetType ( ),"",
                "<script> alert ('更新成功'); location. href = location. href;
                </script>");
            //this.gvCategory.EditIndex=-1;
            //Bind();
        }
        else
        {
                Page. ClientScript. RegisterStartupScript (GetType ( )," message",
                "<script>alert('更新失败');</script>");
        }
    }
}
```

对应的 DAL 层 tNewsCategory.cs 中更新类别的主要代码如下：

```
public bool Update(Maticsoft.Model.tNewsCategory model)
{
    StringBuilder strSql=new StringBuilder();
    strSql.Append("update tNewsCategory set ");
    strSql.Append("CategoryName=@CategoryName");
    strSql.Append("Status=@Status");
    strSql.Append("Remark=@Remark");
    strSql.Append("where ID=@ID");
    SqlParameter[] parameters={
        new SqlParameter("@CategoryName", SqlDbType.NVarChar,10),
        new SqlParameter("@Status", SqlDbType.NVarChar,3),
        new SqlParameter("@Remark", SqlDbType.NVarChar,50),
```

```
        new SqlParameter("@ID", SqlDbType.Int,4)};
    parameters[0].Value=model.CategoryName;
    parameters[1].Value=model.Status;
    parameters[2].Value=model.Remark;
    parameters[3].Value=model.ID;
    int rows=DbHelperSQL.ExecuteSql(strSql.ToString(),parameters);
    if (rows >0)
    {
        return true;
    }
    else
    {
        return false;
    }
}
```

任务 4　设置类别状态

如果某一类新闻不再需要，还应该能设置该新闻分类不显示。单击某个类别后边的“显示”按钮，将类别状态修改为“不显示”，这样该类新闻将不再显示在新闻列表。如果以后还想显示该类新闻，可以将类别状态改为“显示”，功能设置在新闻类别列表显示GridView——gvCategory 的设置中已述，在此不赘述。

类别状态修改的主要代码如下：

```
//类别是否显示的切换
protected void lbtnYes_Click(object sender, EventArgs e)
{
    LinkButton status= (LinkButton)sender;
    string id=status.CommandArgument;
    Model.tNewsCategory model = new BLL.tNewsCategory().GetModel(int.Parse
    (id));
    if (status.Text=="显示")
    {
        model.Status="不显示";
        bool b=new BLL.tNewsCategory().Update(model);
    }
    else
    {
        model.Status="显示";
        bool b=new BLL.tNewsCategory().Update(model);
    }
    Page.ClientScript.RegisterStartupScript(Page.GetType(),"", "<script>alert
    ('类别显示状态已更新!');location.href=location.href;</script>");
    Bind();
}
protected void Bind()
```

```
{
    gvCategory.DataSource=new BLL.tNewsCategory().GetAllList();
    gvCategory.DataBind();
}
```

7.3 常见问题解析

【问题】 使用 SqlConnection 对象连接数据库的时候总是提示连接不上数据库，怎么解决？

【答】 首先检查数据库服务器是否启动，如果启动，检查连接数据库字符串是否正确。比如，在 web.config 配置文件配置数据库连接，连接数据库的代码如下：

```
<connectionStrings>
<add name="数据库名称" connectionString="server=服务器名称;database=数据表;uid=登录名;pwd=密码" providerName="System.Data.SqlClient"/>
</connectionStrings>
```

7.4 拓展实践指导

为了使新闻在前端页面显示时更加形象，可以给新闻类别添加对应的图片及类别的描述等信息，如图 7-7 所示。

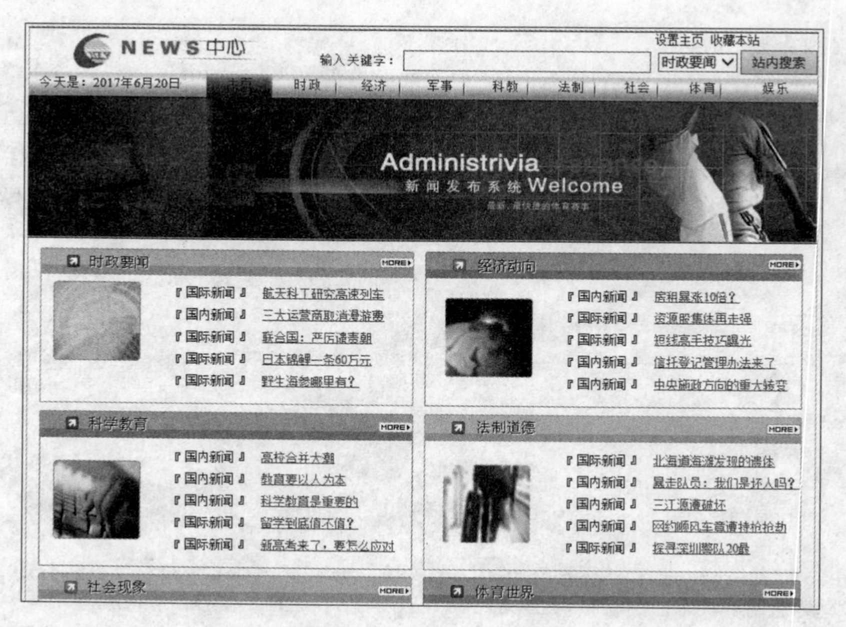

图 7-7 新闻页面美化效果

请参照上图，美化自己的页面。

第8章

“新闻发布系统”系统实施——首页设计

8.1 项目分析

本章主要讲的是新闻发布系统的首页设计与实现。任何一个网站系统的首页都是非常重要的，需要精心设计。一般首页顶部是LOGO或主题图片；接下来是新闻类别导航；中间是主要信息区，一般有最新新闻列表和热点新闻列表；还要有新闻搜索以及用户登录区；最下面是版权信息。按照实际工作过程，将以上项目分为4个工作任务。

任务1 页面设计

首页是一个网站的门户，根据新闻发布系统的实际要求，应该大方简洁，分类清晰。除了首页还有很多其他页面都有很多固定不变的内容，可以使用母版页以保证整个程序中所有页面外观的一致性，功能效果如图8-1所示。

图8-1 首页设计效果

任务 2　新闻类别导航

首页可以显示新闻类别，并且可以通过类别显示该类所有新闻，就像导航一样可以链接到各个类别页面中，功能效果如图 8-2 所示。

图 8-2　导航栏设计效果

任务 3　热点和最新新闻显示

用户一般关注访问量最大的新闻和最新发布的新闻，这就是热点和最新新闻，在首页中应该显示这两类新闻，功能效果如图 8-3 所示。

最新新闻

新闻类别	新闻标题	发布时间	浏览次数
[社会新闻]	三元钱的纸币 你见过吗	2017/6/19 6:54:27	2
[社会新闻]	他40年复原上万件明式家具	2017/6/19 6:51:22	1
[社会新闻]	160年前的相机拍摄出来的作品	2017/6/19 6:50:53	1
[国际新闻]	面目全非，三江源生态修复不能再拖了！	2017/6/19 6:49:21	1
[国际新闻]	中国野战炮兵旅从塞外到渤海练全域作战	2017/6/19 6:48:23	1

热点新闻

新闻类别	新闻标题	发布时间	浏览次数
[体育新闻]	邓肯:没想到勒布朗回骑士 对他这么做...	2017/6/19 5:49:36	8
[国内新闻]	郭同欣：我国经济稳中向好态势持续发展	2017/6/19 6:39:32	7
[体育新闻]	从凯南防到魔兽滴水不漏!兰多夫蜕变成...	2017/6/19 6:03:03	4
[国内新闻]	北京开展"禁毒会战" 查获吸毒人员近...	2017/6/19 6:31:37	3
[国内新闻]	石家庄正式入伏 比常年同期略偏晚	2017/6/19 6:38:01	2

图 8-3　最新新闻和热点新闻设计效果

任务 4　搜索新闻

通过首页的新闻搜索框可将查询结果显示在搜索新闻页面中，搜索新闻页面也可以再次搜索新闻，并可以通过标题链接到新闻正文页，功能效果如图 8-4 所示。

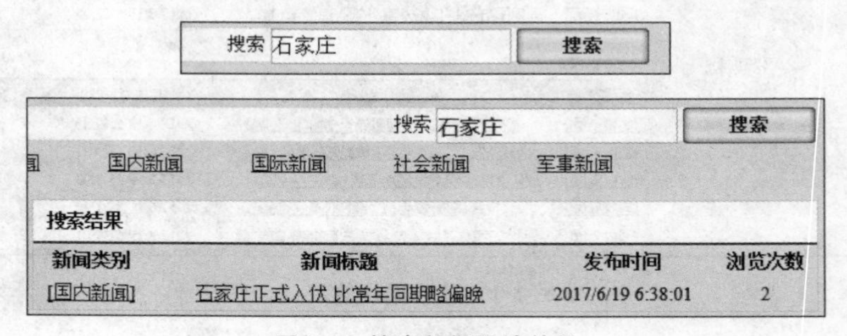

图 8-4　搜索新闻设计效果

8.2 项目实施

任务1 页面设计

整个网站程序中所有页面外观应该一致，元素布局统一，使用母版页可以达到这些要求。将网站标志、公共标题、导航条、版权声明、联系信息等放到母版页中，母版页中的内容就可以显示在所有的页面中。母版页设计如图8-5所示。

图 8-5　母版页设计

母版页主要的页面代码如下：

```
<%@Master Language="C#" AutoEventWireup="true" CodeBehind="index.master.cs"
Inherits="Maticsoft.Web.index" %>
<!DOCTYPE html PUBLIC "-//W3C //DTD XHTML 1.0 Transitional //EN" "http://www.w3.
org/TR/xhtml1/DTD/xhtml1-transitional.dtd">
<html xmlns="http://www.w3.org/1999/xhtml">
<head runat="server">
    <title>首页——新闻发布系统</title>
    <link href="css/common.css" rel="stylesheet" type="text/css" />
    <asp:ContentPlaceHolder ID="head" runat="server">
    </asp:ContentPlaceHolder>
</head>
<body>
    <form id="form1" runat="server" autocomplete="off" style="background-
   position: center center; background-color: #e1effa" >
    <div id="top">
        <a href="index.aspx"><img src="images/new1.jpg" width="780px" height=
        "144px" /></a>
    </div>
    <div id="search" style="background-color: #FFFFCC"></div>
    <div id="NavBar"></div>
    <div id="main">
```

```
        <asp:ContentPlaceHolder ID="ContentPlaceHolder1" runat="server">
        </asp:ContentPlaceHolder>
        </div>
        <div id="footer">版权所有：&copy; 信翔科技有限公司</div>
        </form>
    </body>
    </html>
```

母版页仅仅是一个页面模板，单独的母版页是不能被用户所访问的，单独的内容页也不能使用。母版页和内容页有着严格的对应关系，程序运行时，内容页和母版页的页面内容组合到一起，由母版页中的占位符包含内容页中的内容，最后将完整的页面发送给客户端浏览器。因此还要有首页的内容页，注意创建首页文件时选择“Web 窗体”类型。其中，首页中要显示用户登录框和状态，之前已经实现了用户登录功能，可以使用用户控件完成用户登录功能，这样就可以直接拖拽用户控件到内容页中，同时还要制作一个显示用户信息的用户控件，用来显示登录状态信息。这两个用户控件要根据当前登录状态来设置是否显示，当未登录时只显示用户登录控件，登录后就只显示用户信息控件。首页的内容页设计如图 8-6 所示。

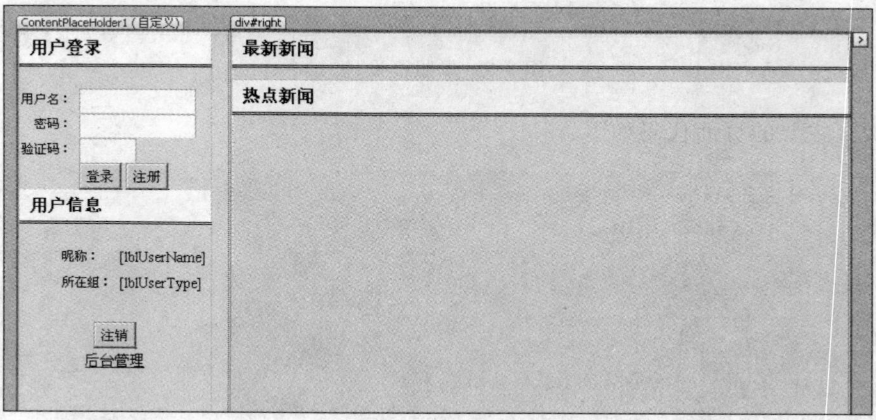

图 8-6　首页内容页设计

内容页的 HTML 代码如下：

```
<%@Page Language="C#" MasterPageFile="~/index.Master" AutoEventWireup="true"
CodeBehind="index.aspx.cs"
    Inherits="Maticsoft.Web.WebForm1" Title="首页-新闻发布系统" %>
<%@ Register Src="Controls/UserLogin.ascx" TagName="UserLogin" TagPrefix=
"uc2"%>
<%@Register Src="Controls/userinfo.ascx" TagName="userinfo" TagPrefix="uc3" %>
<asp:Content ID="Content1" ContentPlaceHolderID="head" runat="server">
</asp:Content>
<asp:Content ID="Content2" ContentPlaceHolderID="ContentPlaceHolder1" runat=
"server">
```

```
        <!--用户登录控件-->
        <div id="user" class="commonfrm">
            <uc2:UserLogin ID="UserLogin1" runat="server" />
            <uc3:userinfo ID="userinfo1" runat="server" />
        </div>
        <!--最新新闻-->
    <div id="right" style="width:580px">
        <div id="newnews" class="commonfrm">
            <h4>最新新闻</h4>
        </div>
        <!--热点新闻-->
        <div id="hotnews" class="commonfrm">
            <h4>热点新闻</h4>
        </div>
    </div>
</asp:Content>
```

任务 2 新闻类别导航

网站一般都要设置导航引导用户链接到相应页面。新闻发布系统主要是显示各种类别的新闻，因此主要导航新闻类别，同时还要加一个“首页”的导航项，可以从其他页面直接跳转到首页，新闻类别导航功能设计如图 8-7 所示。

首页	数据绑定	数据绑定	数据绑定	数据绑定	数据绑定

图 8-7 新闻类别导航功能设计

导航只需要显示新闻类别名称，可以使用 Repeater 控件显示。这里把导航也封装成用户控件，可以减少首页中的代码，新闻类别导航用户控件前台代码如下：

```
<%@Control Language="C#" AutoEventWireup="true" CodeBehind="NavBar.ascx.cs"
Inherits="Maticsoft.Web.Controls.NavBar" %>
<div id="category">
    <div style="float: left; width:100px">
        <a href="../index.aspx">首 页</a>
    </div>
    <div style="float:right; width:680px">
        <ul>
            <asp:Repeater ID="repCategory" runat="server">
                <ItemTemplate>
                    <li><a href='list.aspx?CategoryID=<%#Eval("ID") %>'>
                        <%#Eval("CategoryName") %></a></li>
                </ItemTemplate>
            </asp:Repeater>
        </ul>
    </div>
</div>
```

新闻类别导航的加载事件代码如下：

```
protected void Page_Load(object sender, EventArgs e)
{
    //判断是否第一次进入
    if(!IsPostBack)
    {
        //绑定分类列表
         repCategory.DataSource = new BLL.tNewsCategory().GetList("status=
         '显示'");
        repCategory.DataBind();
    }
}
```

其中,GetList()方法是使用三层架构从数据库读取可以显示的新闻类别的数据信息,其DAL数据访问层代码如下：

```
///<summary>
///查询新闻类别信息
///</summary>
///<param name="strWhere">查询条件</param>
///<returns>返回符合条件的数据集</returns>
public DataSet GetList(string strWhere)
{
    StringBuilder strSql=new StringBuilder();
    strSql.Append("select ID,CategoryName,Status,Remark ");
    strSql.Append(" FROM tNewsCategory ");
    if(strWhere.Trim()!="")
    {
        strSql.Append(" where "+strWhere);
    }
    return DbHelperSQL.Query(strSql.ToString());
}
```

由于网站中每个页面都要显示导航,所以需要将新闻类别用户控件拖拽到母版页中。这里把它放到网站标志图片的下方的"<div id="NavBar"></div>"中,这时VS环境会在母版页的开头部分生成注册该用户控件的代码。

```
<%@Register Src="Controls/NavBar.ascx" TagName="NavBar" TagPrefix="uc1" %>
```

任务3　热点和最新新闻显示

热点新闻和最新新闻一般只显示访问量最大和发表时间最新的前几条新闻的标题、类别以及发表时间等。这里用GridView控件来分别显示热点新闻和最新新闻,首页内容页中热点和最新新闻的控件设置如图8-8所示。

热点新闻和最新新闻列表所使用的两个GridView控件设置的属性是一致的,只是

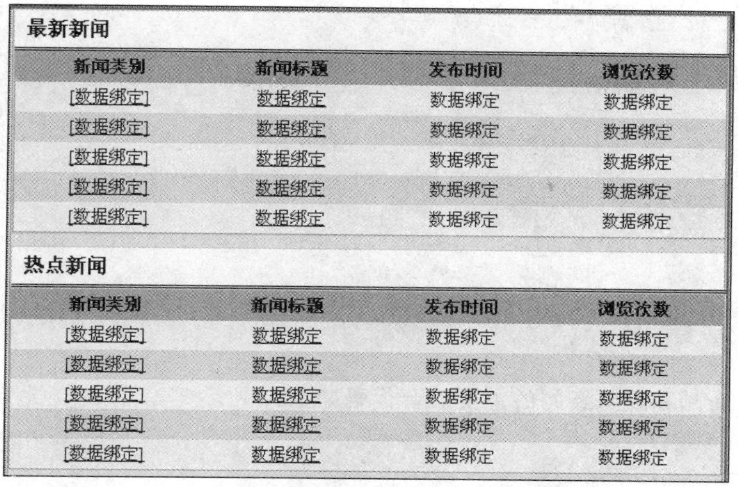

最新新闻			
新闻类别	新闻标题	发布时间	浏览次数
[数据绑定]	数据绑定	数据绑定	数据绑定
[数据绑定]	数据绑定	数据绑定	数据绑定
[数据绑定]	数据绑定	数据绑定	数据绑定
[数据绑定]	数据绑定	数据绑定	数据绑定
[数据绑定]	数据绑定	数据绑定	数据绑定

热点新闻			
新闻类别	新闻标题	发布时间	浏览次数
[数据绑定]	数据绑定	数据绑定	数据绑定
[数据绑定]	数据绑定	数据绑定	数据绑定
[数据绑定]	数据绑定	数据绑定	数据绑定
[数据绑定]	数据绑定	数据绑定	数据绑定
[数据绑定]	数据绑定	数据绑定	数据绑定

图 8-8 热点和最新新闻设计

数据源排序依据不同，热点新闻 GridView 控件对应的源视图代码如下：

```
<asp:GridView ID="gvNewNews" runat="server" AutoGenerateColumns="False"
BorderWidth="1px" Width="580px" GridLines="None" EmptyDataText="暂无新闻"
BackColor="LightGoldenrodYellow" BorderColor="Tan" CellPadding="2"
ForeColor="Black">
<Columns>
    <asp:TemplateField HeaderText="新闻类别">
        <ItemTemplate>
            <a href='list.aspx?CategoryID=<%#Eval("CategoryID") %>'>[<%#
            Eval("CategoryName") %>]</a>
        </ItemTemplate>
    </asp:TemplateField>
    <asp:TemplateField HeaderText="新闻标题">
        <ItemTemplate>
            <a href='newscontent.aspx?newsid=<%#Eval("ID") %>' target=
            "_blank" title='<%#Eval("Title") %>'><%#StringTruncat(Eval
            ("Title").ToString(),18,"...") %></a>
        </ItemTemplate>
    </asp:TemplateField>
        <asp:TemplateField HeaderText="发布时间">
            <ItemTemplate>
                <asp:Label ID="Label5" runat="server" Text='<%#Bind
                ("AddDate") %>'></asp:Label>
            </ItemTemplate>
        </asp:TemplateField>
        <asp:TemplateField HeaderText="浏览次数">
            <ItemTemplate>
                <asp:Label ID="Label6" runat="server" Text='<%#Bind("LiuLan")
                %>'></asp:Label>
```

```
            </ItemTemplate>
            <ItemStyle HorizontalAlign="Center" VerticalAlign="Middle" />
        </asp:TemplateField>
</Columns>
    <FooterStyle BackColor="Tan" />
    <PagerStyle  BackColor =" PaleGoldenrod "  ForeColor =" DarkSlateBlue "
    HorizontalAlign="Center" />
    <SelectedRowStyle BackColor="DarkSlateBlue" ForeColor="GhostWhite" />
    <HeaderStyle BackColor="Tan" Font-Bold="True" />
    <AlternatingRowStyle BackColor="PaleGoldenrod" />
</asp:GridView>
```

显示热点新闻和最新新闻的主要后台代码如下：

```
protected void Page_Load(object sender, EventArgs e)
{
    //判断是否第一次进入
    if (!IsPostBack)
    {
        //绑定最新新闻(5条)
        gvNewNews.DataSource=new BLL.tNews().GetTotalList(5, "tNews.Status='可
        发布'and usertype!='禁止用户'", "AddDate DESC");
        gvNewNews.DataBind();
        //绑定最热新闻(5条)按照浏览次数降序排列
        gvHotNews.DataSource=new BLL.tNews().GetTotalList(5, "tNews.Status='可
        发布'and usertype!='禁止用户'", "Liulan DESC");
        gvHotNews.DataBind();
    }
}
///<summary>
///将指定字符串按指定长度进行剪切
///</summary>
///<param name="oldStr">需要截断的字符串 </param>
///<param name="maxLength">字符串的最大长度 </param>
///<param name="endWith">超过长度的后缀 </param>
///<returns>如果超过长度,返回截断后的新字符串加上后缀,否则,返回原字符串</returns>
public static string StringTruncat(string oldStr, int maxLength, string endWith)
{
    if (string.IsNullOrEmpty(oldStr))
        return oldStr+endWith;
    if (maxLength <1)
        throw new Exception("返回的字符串长度必须大于[0] ");
    if (oldStr.Length >maxLength)
    {
        string strTmp=oldStr.Substring(0, maxLength);
        if (string.IsNullOrEmpty(endWith))
```

```
            return strTmp;
        else
            return strTmp+endWith;
    }
    return oldStr;
}
```

其中,StringTruncat()方法是为了当新闻标题过长时只显示部分信息,不能显示部分用“...”代替,将该方法放到新闻标题的模板列中即可。对于负责加载热点新闻和最新新闻的 GridView 控件,其控件事件中 BLL.tNews().GetTotalList()方法的功能是获得前几行数据新闻信息数据,并且可以按条件排序。其 DAL 数据访问层代码如下:

```
///<summary>
///获得前几行数据新闻信息
///</summary>
///<param name="Top">显示几条</param>
///<param name="strWhere">查询条件</param>
///<param name="filedOrder">排序</param>
///<returns></returns>
public DataSet GetTotalList(int Top, string strWhere, string filedOrder)
{
    StringBuilder strSql=new StringBuilder();
    strSql.Append("select");
    if (Top >0)
    {
        strSql.Append(" top "+Top.ToString());
    }
    strSql.Append(" tNews.ID,Title,AuthorID,CategoryID,CategoryName,AddDate,
    ReferInfo, "); strSql.Append("Contents,tNews.Status,CommentStatus,LiuLan,
    usertype ");
    strSql.Append(" FROM tNews INNER join tNewsCategory on tNewsCategory.id=");
    strSql.Append("tNews.CategoryID INNER JOIN tUsers ON tNews.AuthorID=tUsers.
    ID");
    if (strWhere.Trim() !="")
    {
        strSql.Append(" where "+strWhere);
    }
    strSql.Append(" order by "+filedOrder);
    return DbHelperSQL.Query(strSql.ToString());
}
```

任务4 搜索新闻

用户在任何一个页面都可搜索所需要的新闻信息,因此要将搜索新闻放到母版页中,搜索新闻时首先在搜索框中输入关键词,然后单击“搜索”按钮进行搜索操作。搜索框和搜索按钮放到网站标题图片下方即可。

搜索新闻的整个过程不可能完全在母版页中实现,因为最终搜索结果要显示在另一个内容页中,所以需要创建一个新的内容页,把搜索框中的关键词传给这个页后再进行数据库查询。因此母版页中的搜索代码如下:

```
//搜索
protected void ibtnSearch_Click(object sender, ImageClickEventArgs e)
{
    string key=txtSearch.Text.Trim();
    Response.Redirect("~/search.aspx?key="+Server.HtmlEncode(key));
}
```

搜索新闻结果页面也是通过 GridView 控件显示搜索新闻结果,同首页显示热点新闻和最新新闻时的设置类似,只是显示的行数可以多一些。搜索新闻列表的控件设置如图 8-9 所示。

搜索结果

新闻类别	新闻标题	发布时间	浏览次数
[数据绑定]	数据绑定	数据绑定	数据绑定
[数据绑定]	数据绑定	数据绑定	数据绑定
[数据绑定]	数据绑定	数据绑定	数据绑定
[数据绑定]	数据绑定	数据绑定	数据绑定
[数据绑定]	数据绑定	数据绑定	数据绑定

图 8-9　搜索新闻列表的控件设置

由于搜索新闻列表 GridView 控件设置与显示热点新闻和最新新闻的 GridView 控件设置类似,在此就不再赘述了。搜索新闻列表的后台代码如下:

```
//搜索结果
protected void Page_Load(object sender, EventArgs e)
{
    if (!IsPostBack)
    {
        string key=Server.HtmlDecode(Request.QueryString["key"]);
                                                            //获取关键字的值
        //通过关键字在 tNews 表里模糊查询
        DataSet dt=new BLL.tNews().GetSearchNews("key");
        gvSearchNews.DataSource=dt;
        gvSearchNews.DataBind();
    }
}
```

搜索新闻时应该使用模糊查询,也就是只要新闻标题名或正文中包含搜索关键字的新闻都应该显示出来,BLL. tNews(). GetSearchNews()方法就是实现该模糊查询操作的,其 DAL 数据访问层代码如下:

```
///<summary>
///获得搜索新闻
///</summary>
///<param name="strKey">搜索关键字</param>
///<returns></returns>
public DataSet GetSearchNews(string strKey)
{
    StringBuilder strSql=new StringBuilder();
    strSql.Append("select tNews.ID,Title,AuthorID,CategoryID,CategoryName,
    AddDate");
    strSql.Append("ReferInfo,Contents,tNews.Status,CommentStatus,LiuLan,
    usertype,username");
    strSql.Append(" FROM tNews INNER join tNewsCategory on tNewsCategory.id=
   tNews.CategoryID ");
    strSql.Append("INNER JOIN tUsers ON tNews.AuthorID=tUsers.ID ");
    strSql.Append(" where (Title like @Title or Contents like @Contents) and
    tNews.status='可发布'");
    SqlParameter[] parameters={
        new SqlParameter("@Title", SqlDbType.NVarChar,50),
        new SqlParameter("@Contents", SqlDbType.Text)};
    string strLikeKey="%"+strKey+"%";
    parameters[0].Value=strLikeKey;
    parameters[1].Value=strLikeKey;
    return DbHelperSQL.Query(strSql.ToString(), parameters);
}
```

8.3 常见问题解析

【问题1】 如何对网站中多个页面的公共部分进行封装从而实现代码复用？

【答】 可以使用母版页实现。母版页的作用类似于Dreamweaver中的模板，扩展名是.master，母版页抽取了若干页面中相同的部分，如网站标志、公共标题、广告条、导航条、版权声明、联系信息等，继承了母版页的内容页会显示母版页的所有内容。由于若干个内容页继承自同一个母版页，从而保证了网站页面外观的一致性。母版页仅仅是一个页面模板，单独的母版页是不能被用户所访问的，单独的内容页也不能被访问。母版页和内容页有着严格的对应关系，用户访服务器页面时，服务器将母版页和相应的内容页组合在一起，也就是把母版页中的占位符替换成对应的内容页，然后再将处理后的页面发送给客户端浏览器。

【问题2】 母版页和内容页中服务器端事件的执行先后顺序是怎样的？

【答】 当客户端浏览器向服务器发出请求，要求浏览某个内容页面时，ASP.NET引擎会依次执行内容页和母版页的事件代码，并将最终结果页面发送给客户端浏览器。母版页和内容页事件顺序如图8-10所示。

具体来说就是：①母版页中控件Init事件；②内容页中Content控件Init事件；③母版页Init事件；④内容页Init事件；⑤内容页Load事件；⑥母版页Load事件；⑦内容页

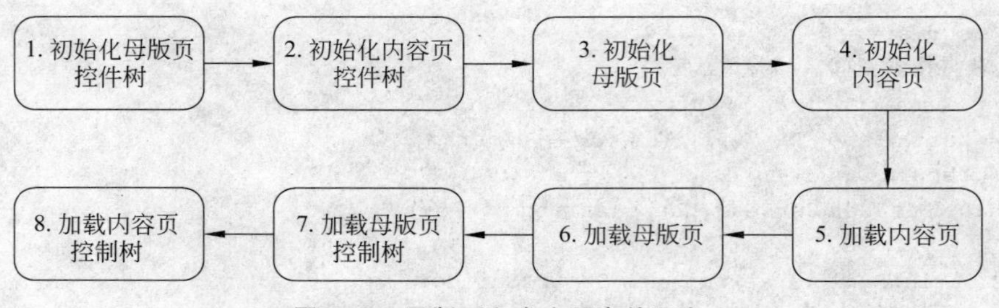

图 8-10　母版页和内容页事件顺序

中 Content 控件 Load 事件；⑧内容页 PreRender 事件；⑨母版页 PreRender 事件；⑩母版页控件 PreRender 事件；⑪内容页中 Content 控件 PreRender 事件。

8.4　拓展实践指导

GridView 控件功能强大，即可以显示数据，还可以编辑、删除数据，又能通过样式设置其样式来显示不同风格，还可以分页显示数据，请对搜索页面的 GridView 控件实现分页。

第9章

“新闻发布系统”系统实施——新闻浏览

9.1 项目分析

本章主要是新闻发布系统的新闻浏览模块的设计与实现。由于新闻在首页按照分类进行了显示，这样使得新闻显示和管理更加规范。对于每一类新闻，我们可能需要快速浏览很多新闻条目，这样就需要有一个专门的页面显示某一类新闻的条目。用户可以在条目列表中单击某一条摘要进行跳转，从而阅读完整的新闻内容和相关的评论，另外用户还应该能够发表相应的评论，并能够在提交前进行评论的预览。管理员可以显示、搜索、修改或删除新闻评论。按照实际工作过程，将以上项目分为3个工作任务。

任务1 新闻显示列表

在首页导航栏单击一个新闻类目，就可以进入该类目的新闻列表页面。在新闻列表显示页面显示某一类的全部新闻，功能效果如图9-1所示。

国内新闻

新闻类别	新闻标题	发布时间	浏览次数
[国内新闻]	北京开展“禁毒会战”查获吸毒人员近...	2017/6/19 6:31:37	3
[国内新闻]	石家庄正式入伏 比常年同期略偏晚	2017/6/19 6:38:01	2
[国内新闻]	郭同欣：我国经济稳中向好态势持续发展	2017/6/19 6:39:32	7
[国内新闻]	时隔20年 中央为何又开始大幅审批通...	2017/6/19 6:43:11	2
[国内新闻]	环保知识“畅游”花博	2017/6/19 6:44:47	2

图9-1 新闻列表页面

任务2 查看新闻正文及评论

在新闻列表页面列出的新闻列表中，仅给出了新闻标题、发布时间、访问次数等概要信息，单击相应的新闻条目的链接可以浏览新闻内容及相关评论，功能效果如图9-2所示。

任务3 添加新闻评论

阅读完新闻和相应的评论后，如果用户想添加自己的评论，可以在登录后发表自己的评论，功能效果如图9-3所示。

郭同欣：我国经济稳中向好态势持续发展

作者:admin发布时间:2017/6/19 6:39:32

5月份主要经济数据陆续公布，尽管当月工业、投资、消费、出口等数据出现一定程度的放缓，但国民经济运行总体平稳、稳中向好的态势并没有改变，并且就业物价总体稳定，供给侧结构性改革成效凸显，转型升级和动能转换步伐加快，国民经济稳中有进、稳中向好的态势在向纵深发展。

今年以来我国经济延续了总体平稳、稳中向好的发展态势，活力在改革中激发，结构在调整中优化，动能在转换中增强，发展的稳定性、协调性和可持续性增强。在世界经济曲折复苏、国内改革转型任务艰巨的背景下，取得这样的成绩十分不易。当前，我国仍处于可以大有作为的重要战略机遇期，长期积累的物质基础雄厚，工业化、城镇化、信息化、农业现代化蕴藏着广阔的发展空间，经济韧性好、潜力足、回旋余地大，新发展理念深入人心，新动能加快成长，丰富的宏观调控手段和政策工具将继续为经济平稳运行保驾护航。随着改革创新、结构调整、动能转换的加快推进，支撑我国经济保持中高速增长和迈向中高端水平的积极因素将不断增强，我国经济稳中向好的发展态势能够持续。我们要更加紧密地团结在以习近平同志为核心的党中央周围，坚持稳中求进工作总基调，牢固树立和贯彻落实新发展理念，站在经济长周期和结构优化升级的角度，抓住经济稳中向好的重要窗口期，坚定不移深化供给侧结构性改革，适度扩大有效需求，大力实施创新驱动，引导发展良好预期，科学统筹稳增长、促改革、调结构、惠民生和防风险的关系，不断夯实经济稳中向好的基础，力促国民经济行稳致远。

新闻评论

同勉！众志成城，争取早日实现中华民族的伟大复兴！

评论者:user评论时间:2017/6/19 8:10:23

图 9-2　查看新闻正文及评论页面

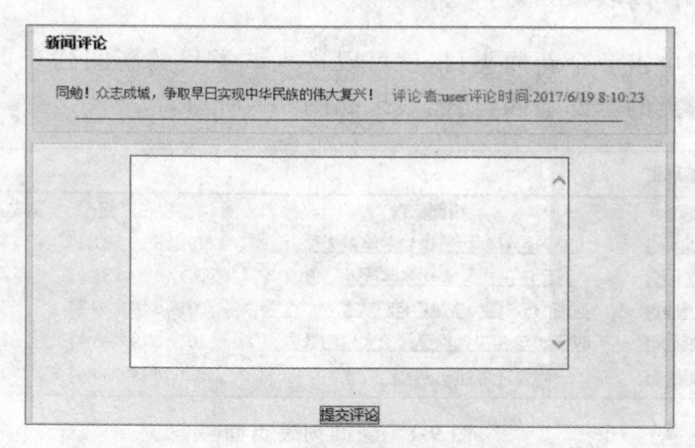

图 9-3　添加新闻评论页面

9.2　项目实施

任务 1　新闻显示列表

在首页导航栏单击一个新闻类目，就可以进入该类目的新闻列表页面。新闻列表设计如图 9-4 所示。

选择“智能标记”中的“编辑列”命令，弹出如图 9-5 所示的对话框，可以对 GridView 控件中显示的每一列进行详细设置。

页面的主要 HTML 代码如下：

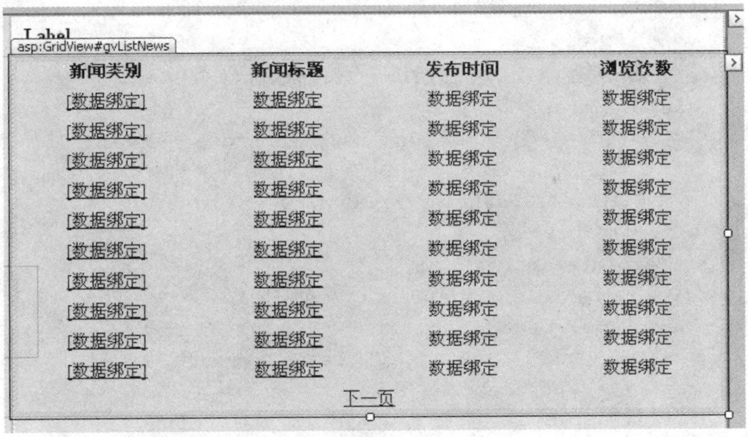

图 9-4　新闻列表显示设计

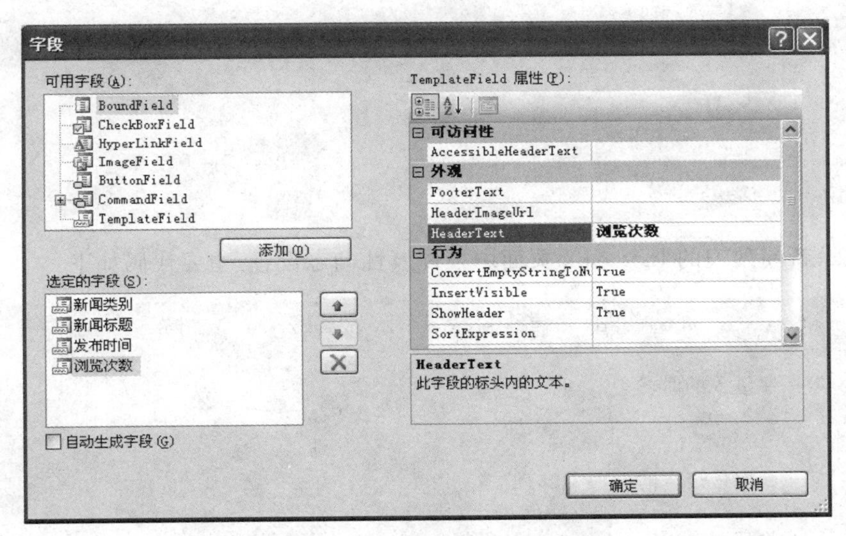

图 9-5　“编辑列”对话框

```
<asp:GridView ID="gvListNews" runat="server" AutoGenerateColumns="False"
   BorderWidth="0px" GridLines="None" EmptyDataText="该分类下暂无新闻"
   AllowPaging="True">
   <PagerSettings FirstPageText="首页" LastPageText="尾页" Mode="NextPrevious"
      NextPageText="下一页" PreviousPageText="上一页" />
   <Columns>
      <asp:TemplateField HeaderText="新闻类别">
         <ItemTemplate>
            <a href='list.aspx?CategoryID=<%#Eval("CategoryID") %>'>[<%
         #Eval("CategoryName") %>]</a>
```

```
            </ItemTemplate>
        </asp:TemplateField>
        <asp:TemplateField HeaderText="新闻标题">
            <ItemTemplate>
                <a href='newscontent.aspx?newsid=<%#Eval("ID") %>' target=
                "_blank" title='<%#Eval("Title") %>'><%#StringTruncat(Eval
                ("Title").ToString(),18,"...") %></a>
            </ItemTemplate>
        </asp:TemplateField>
        <asp:TemplateField HeaderText="发布时间">
            <ItemTemplate>
                <asp:Label ID="Label3" runat="server" Text='<%#Bind("AddDate")
                %>'></asp:Label>
            </ItemTemplate>
        </asp:TemplateField>
        <asp:TemplateField HeaderText="浏览次数">
            <ItemTemplate>
                <asp:Label ID="Label4" runat="server" Text='<%#Bind("LiuLan")
                %>'></asp:Label>
            </ItemTemplate>
        </asp:TemplateField>
    </Columns>
</asp:GridView>
```

对显示新闻列表的 list.aspx 页面中控件属性动态设置，主要代码如下：

```
protected void Page_Load(object sender, EventArgs e)
{
    //第一次进入的时候
    if (!IsPostBack)
    {
        //获取传过来的类别 id 的值
        string CategoryID=Request.QueryString["CategoryID"];
        //将类别 id 所对应的类别名称显示在 label 控件上
        DataSet ds=new BLL.tNewsCategory().GetList("ID='"+CategoryID+"'");
        try
        {
            lblCategoryName.Text = ds.Tables[0].Rows[0]["CategoryName"].
            ToString();
        }
        catch
        {
            Response.Redirect("index.aspx");
        }
        //绑定此类别下的新闻
        DataSet dt=new BLL.tNews().GetListnews("CategoryID='"+CategoryID+"'
        and tNews.status='可发布'and usertype!='禁止用户'");
```

```
        gvListNews.DataSource=dt;
        gvListNews.DataBind();
    }
}
///<summary>
///将指定字符串按指定长度进行剪切
///</summary>
///<param name="oldStr">需要截断的字符串 </param>
///<param name="maxLength">字符串的最大长度 </param>
///<param name="endWith">超过长度的后缀 </param>
///<returns>如果超过长度,返回截断后的新字符串加上后缀,否则,返回原字符串 </returns>
public static string StringTruncat(string oldStr, int maxLength, string endWith)
{
    if (string.IsNullOrEmpty(oldStr))
        //throw  new  NullReferenceException("原字符串不能为空 ");
        return oldStr+endWith;
    if (maxLength <1)
        throw new Exception("返回的字符串长度必须大于[0] ");
    if (oldStr.Length >maxLength)
    {
        string strTmp=oldStr.Substring(0, maxLength);
        if (string.IsNullOrEmpty(endWith))
            return strTmp;
        else
            return strTmp+endWith;
    }
    return oldStr;
}
```

在 DAL 层的 tNewsCategory. cs 中定义新闻类别列表的方法如下:

```
public DataSet GetList(string strWhere)
{
    StringBuilder strSql=new StringBuilder();
    strSql.Append("select ID,CategoryName,Status,Remark");
    strSql.Append("FROM tNewsCategory");
    if(strWhere.Trim()!="")
    {
        strSql.Append("where"+strWhere);
    }
    return DbHelperSQL.Query(strSql.ToString());
}
```

在对应的 DAL 层的 tNews. cs 中定义获取分类新闻列表的方法如下:

```
///<summary>
///获得分类页新闻列表
///</summary>
```

```
public DataSet GetListnews(string strWhere)
{
    StringBuilder strSql=new StringBuilder();
    strSql.Append("select tNews.ID,Title,AuthorID,CategoryID,CategoryName,
    AddDate,ReferInfo,Contents,tNews.Status,CommentStatus,LiuLan,usertype,
    username");
    strSql.Append(" FROM tNews INNER join tNewsCategory on tNewsCategory.id=
   tNews.CategoryID INNER JOIN tUsers ON tNews.AuthorID=tUsers.ID ");
    if (strWhere.Trim() !="")
    {
        strSql.Append("where"+strWhere);
    }
    return DbHelperSQL.Query(strSql.ToString());
}
```

任务 2　查看新闻正文及评论

查看新闻内容及评论的页面 newscontent.aspx 设计如图 9-6 所示。

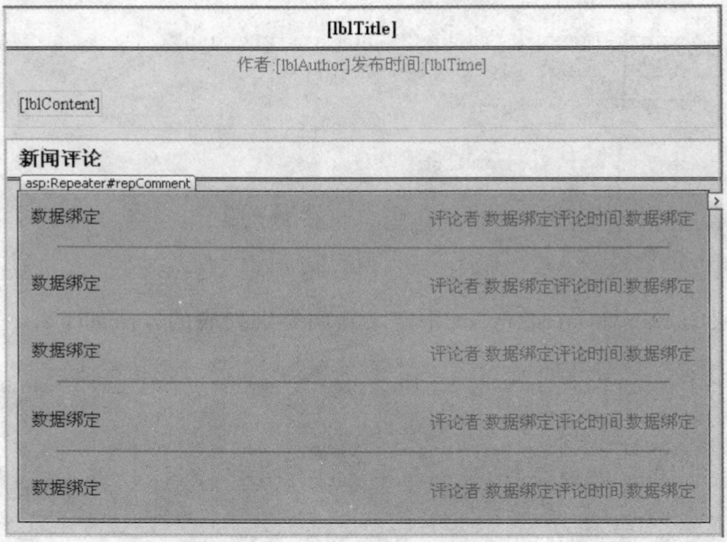

图 9-6　评论显示列表设计

Repeater 数据绑定控件模板设计如下：

```
<asp:Repeater ID="repComment" runat="server">
    <ItemTemplate>
        <div class="replay">
            <p class="con">
                <%#Eval("contents")%>
            </p>
            <p class="replay_time">
```

```
                评论者:<%#Eval("username") %>评论时间:<%#Eval("adddate") %>
            </p>
            <hr />
        </div>
    </ItemTemplate>
</asp:Repeater>
```

显示某条新闻内容及其评论的代码如下：

```
protected void Page_Load(object sender, EventArgs e)
{
    string newsid=Request.QueryString["newsid"];//获取 newsid 的值
    if (!IsPostBack)
    {
        DataSet dt=new BLL.tNews().GetListnews("tnews.id='"+newsid+"'");
        Model.tNews model=new BLL.tNews().GetModel(Convert.ToInt32(newsid));
        model.LiuLan=model.LiuLan+1;
        new BLL.tNews().Update(model);
        //取出并在相对于的 label 控件中显示新闻标题、内容、发布时间
        lblTitle.Text=dt.Tables[0].Rows[0]["title"].ToString();
        lblContent.Text=dt.Tables[0].Rows[0]["contents"].ToString();
        lblTime.Text=dt.Tables[0].Rows[0]["adddate"].ToString();
        lblAuthor.Text=dt.Tables[0].Rows[0]["username"].ToString();
        //绑定评论列表
        repComment.DataSource=new BLL.tComment().GetCommentList("newsid='"+
            newsid+"'and status='可发布'and usertype!='禁止用户'");
        repComment.DataBind();
        //判断是否可以评论,如果没有登录或者新闻设置禁止评论
        //textbox 为只读属性不可编辑,评论 button 不可点击
        if (Session["userID"]==null || dt.Tables[0].Rows[0]["commentstatus"].
                ToString()=="禁止评论")
        {
            if (Session["userID"]==null)
            {
                txtComment.Text="请登录后再进行评论";
                btnSub.Enabled=false;
                txtComment.ReadOnly=true;
            }
            else
            {
                txtComment.Text="该新闻禁止评论";
                btnSub.Enabled=false;
                txtComment.ReadOnly=true;
            }
        }
        else
```

```
            {
                txtComment.ReadOnly=false;
                btnSub.Enabled=true;
                txtComment.Text="";
            }
        }
    }
```

在对应的 DAL 层的 tNews. cs 中获取新闻列表的方法与任务 2 中获取新闻列表的方法相同,根据所查看新闻查找其对应的评论,在 DAL 层的 tComment. cs 中该方法代码定义如下:

```
///<summary>
///获得评论列表
///</summary>
public DataSet GetCommentList(string strWhere)
{
    StringBuilder strSql=new StringBuilder();
    strSql.Append(" select  tComment. ID, NewsID, AuthorID, UserName, AddDate,
    Contents,Status,usertype");
    strSql.Append(" FROM tComment join tUsers on tUsers.id=tComment.AuthorID ");
    if (strWhere.Trim() !="")
    {
        strSql.Append(" where "+strWhere);
    }
    return DbHelperSQL.Query(strSql.ToString());
}
```

任务 3　添加新闻评论

查看显示新闻的评论后,如果用户想添加自己的评论,可以在登录后发表自己的评论,发表评论的控件设置如图 9-7 所示。

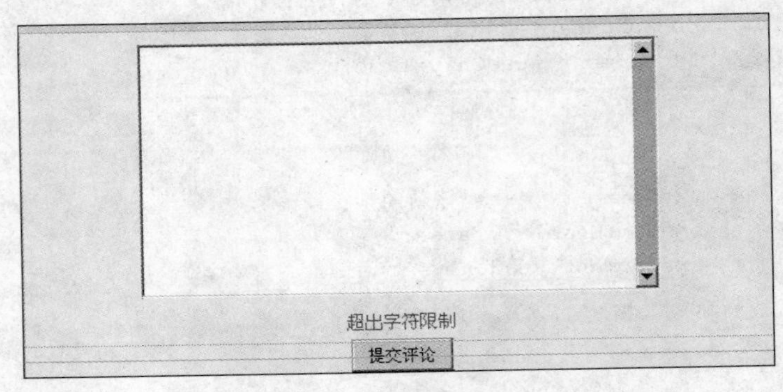

图 9-7　添加新闻评论

对应的源视图代码如下：

```
<div class="addcomment">
    <asp:TextBox ID="txtComment" runat="server" CssClass="txtcomment"
    AutoCompleteType="Disabled" MaxLength="20" TextMode="MultiLine"></asp:
    TextBox>
    <br/>
    <asp:RegularExpressionValidator ID="RegularExpressionValidator1" runat=
    "server"
        ControlToValidate="txtComment" ErrorMessage="超出字符限制"
         ValidationExpression="(\w|\W){1,50}" ValidationGroup="2"></asp:
         RegularExpressionValidator>
    <br/>
    <asp:Button ID="btnSub" runat="server" Text="提交评论" OnClick="btnSub_
      Click"
        ValidationGroup="2" />
</div>
```

在这里，当输入评论内容时用到了正则表达式验证控件，如果输入的评论内容符合验证要求，通过单击“提交评论”按钮对评论内容提交，具体代码如下：

```
//提交评论按钮
    protected void btnSub_Click(object sender, EventArgs e)
    {
        //评论内容不可为空
        if (txtComment.Text.Trim()=="")
        {
            Response.Write("<script>alert('请输入评论内容!')</script>");
            return;
        }
        if (Page.IsValid)
        {
            try
            {
                string newsid=Request.QueryString["newsid"];//获取 newsid 的值
                Model.tComment tComment=new Maticsoft.Model.tComment();
                //将 newsid,authorid,contents,status 存入 model
                tComment.NewsID=Convert.ToInt32(newsid);
                tComment.AuthorID=Convert.ToInt32(Session["userID"].ToString());
                tComment.Contents=txtComment.Text.Trim();
                //如果是管理员评论,不用审核,直接发布
                if (Session["usertype"] !=null && Session["usertype"].ToString
                ()=="管理员")
                {
                    tComment.Status="可发布";
                }
                //添加评论
                int b=new BLL.tComment().Add(tComment);
```

```
                if (b >0)
                {
                    if (Session["usertype"] !=null && Session["usertype"].
                    ToString()=="管理员")
                    {
                        Page.ClientScript.RegisterStartupScript(Page.GetType
                        (),"", "<script>alert('恭喜您,评论成功!')</script>");
                    }
                    else if (Session["usertype"] !=null && Session["usertype"].
                    ToString()=="普通用户")
                    {
                        Page.ClientScript.RegisterStartupScript(Page.GetType
                        (),"", "<script>alert('发表评论成功,请等待审核!')
                        </script>");
                    }
                    txtComment.Text="";
                     repComment.DataSource=new BLL.tComment().GetCommentList
                                    ("newsid='"+newsid+"'and status='可发布'
                                    and usertype!='禁止用户'");
                    repComment.DataBind();
                }
                else
                {
                    Response.Write("<script>alert('发表评论失败!');window.
                    location.reload();</script>");
                }
            }
            catch
            {
                Response.Redirect("~/index.aspx");
            }
        }
    }
```

DAL层的tComment.cs中的Add方法实现了添加评论,代码如下:

```
public int Add(Maticsoft.Model.tComment model)
{
    StringBuilder strSql=new StringBuilder();
    strSql.Append("insert into tComment");
    strSql.Append("NewsID,AuthorID,AddDate,Contents,Status");
    strSql.Append(" values ");
    strSql.Append("@NewsID,@AuthorID,@AddDate,@Contents,@Status");
    strSql.Append("select @@IDENTITY");
    SqlParameter[] parameters={
        new SqlParameter("@NewsID", SqlDbType.Int,4),
```

```
            new SqlParameter("@AuthorID", SqlDbType.Int,4),
            new SqlParameter("@AddDate", SqlDbType.DateTime),
            new SqlParameter("@Contents", SqlDbType.Text),
            new SqlParameter("@Status", SqlDbType.NVarChar,3)};
        parameters[0].Value=model.NewsID;
        parameters[1].Value=model.AuthorID;
        parameters[2].Value=model.AddDate;
        parameters[3].Value=model.Contents;
        parameters[4].Value=model.Status;

        object obj=DbHelperSQL.GetSingle(strSql.ToString(),parameters);
        if (obj==null)
        {
            return 0;
        }
        else
        {
            return Convert.ToInt32(obj);
        }
    }
```

9.3 常见问题解析

【问题1】 在设计时不清楚什么时候使用Repeater控件还是DataList控件，它们的区别是什么？

【答】 Repeater控件和DataList控件，可以用来一次显示一组数据项。比如，可以用它们显示一个数据表中的所有行。Repeater控件完全由模板驱动，提供了最大的灵活性，可以任意设置它的输出格式。DataList控件也由模板驱动，和Repeater不同的是，DataList默认输出HTML表格，DataList将数据源中的数据项输出为HTML表格中的一个个单元格。

【问题2】 数据绑定方法Eval与Bind非常容易混淆，如何正确使用它们？

【答】 Eval函数用于定义单向(只读)绑定。Bind函数用于定义双向(可更新)绑定。除了通过在数据绑定表达式中调用Eval和Bind方法执行数据绑定外，还可以调用<%＃ 和 %>分隔符之内的任何公共范围代码，从而在页面处理过程中执行该代码并返回一个值。

调用控件或Page类的DataBind方法时，会对数据绑定表达式进行解析。对于有些控件，如GridView、DetailsView和FormView控件，会在控件的PreRender事件期间自动解析数据绑定表达式，不需要显式调用DataBind方法。

Eval与Bind是两个方法，都可以实现前台数据绑定。Bind方法(双向数据绑定)即能把数据绑定到控件，又能把数据变更提交到数据库。Eval方法(单向数据绑定)实现了数据读取的自动化，并能对绑定字段进行格式化显示，但是没有实现数据写入自动化。

9.4 拓展实践指导

Repeater 控件非常灵活，可以通过对模板灵活使用，创建多种不同形式的列表，同时它还能非常精确地对界面元素进行定位，但是 ASP.NET 提供的 Repeater 控件并不带有分页功能，请利用 PagedDataSource 类对 Repeater 实现分页功能。

第10章

“新闻发布系统”系统实施——新闻管理

10.1 项目分析

本章主要讲的是新闻发布系统的新闻管理模块的设计与实现。在新闻发布系统中，允许浏览新闻的用户登录系统并添加新闻，需要添加的新闻经过审核即可发布，这样可以保证丰富的新闻来源。对于管理员提交的新闻，可以直接发布，其他用户提交的新闻需要经过管理员审核或修改后才能发布。新闻审核部分的功能主要有显示待审核新闻、审核通过并发布新闻。新闻的管理包括搜索新闻、显示新闻、修改新闻和删除新闻等功能。按照实际工作过程，将以上项目分为3个工作任务。

任务1 新闻的添加

用户登录后，在新闻添加页面选择新闻所属类别，输入新闻的标题、内容、出处等信息，单击“发布新闻”按钮提交。对于管理员提交的新闻，可以直接发布，其他用户提交的新闻需要经过管理员审核或修改后才能发布，功能效果如图10-1所示。

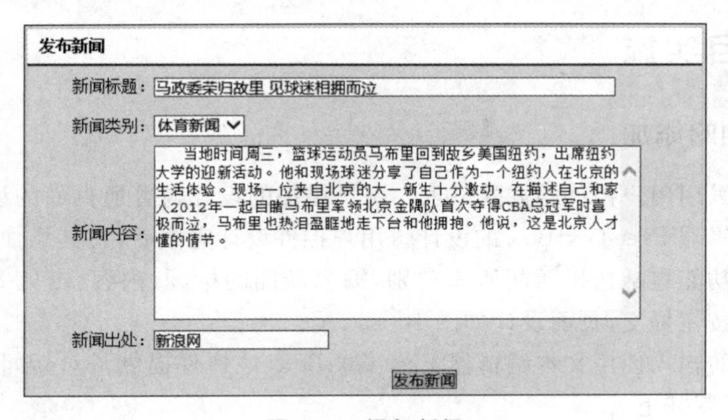

图10-1 添加新闻

任务2 新闻管理(查询、修改、删除)

在新闻管理页面，普通用户可以针对自己发布的新闻进行查询、修改和删除，管理员可以对数据库中所有的新闻进行查询、修改和删除，功能效果如图10-2所示。

新闻管理

新闻状态：可发布

新闻类别	新闻标题	审核结果	编辑	删除
[体育新闻]	香港羽毛球公开赛高欢晋级正赛 林丹因...	可发布	编辑	删除
[体育新闻]	邓肯:没想到勒布朗回骑士 对他这么做...	可发布	编辑	删除
[体育新闻]	从凯南防到魔兽滴水不漏!兰多夫蜕变成...	可发布	编辑	删除
[体育新闻]	山东女排胜广东 安家杰：作风方面要向...	可发布	编辑	删除
[体育新闻]	黄晓明现场看湖人比赛 助威科比	可发布	编辑	删除
[体育新闻]	有爱！梅西主动找C罗握手 两人对视微...	可发布	编辑	删除
[国内新闻]	北京开展"禁毒会战" 查获吸毒人员近...	可发布	编辑	删除
[国内新闻]	石家庄正式入伏 比常年同期略偏晚	可发布	编辑	删除
[国内新闻]	香港占中清场正式开始 法院出马震慑示...	可发布	编辑	删除

图 10-2　新闻管理

任务 3　新闻审核

对于普通用户提交的待审核新闻,管理员可以对新闻内容进行审核。审核通过的新闻可以显示在首页新闻列表中,功能效果如图 10-3 所示。

新闻审核

新闻序号	新闻标题	是否审核	审核
76	比肩本茨、福特,徐和谊攀附什么	待审核	通过 ｜ 未通过
77	西非：渔船的远虑与近忧	待审核	通过 ｜ 未通过

图 10-3　新闻审核

10.2　项目实施

任务 1　新闻的添加

新闻添加采用用户控件的方式呈现。用户控件的设计与普通页面的设计类似,其中包括了文本编辑器 FreeTextBox 的设计。用户控件设计完成后,将其添加到新闻管理页面中。该页面功能包括选择新闻所属类别,输入新闻的标题、内容、出处等信息,最后单击"发布新闻"按钮提交,页面设计如图 10-4 所示。

新闻内容的输入使用文本编辑器 FreeTextBox,该控件提供了对新闻内容的各种编辑功能,使用步骤如下。

(1) 首先把 FreeTextBox. dll 文件复制到项目中的 bin 目录里,然后在项目中添加引用,在添加引用对话框选择项目标签,对 FreeTextBox. dll 进行引用。

(2) 添加引用 FreeTextBox. dll 中的命名空间。本中文版本 1. 6. 3 有 3 个命名空间,代码如下：

```
using FreeTextBoxControls;
using FreeTextBoxControls.Design;
```

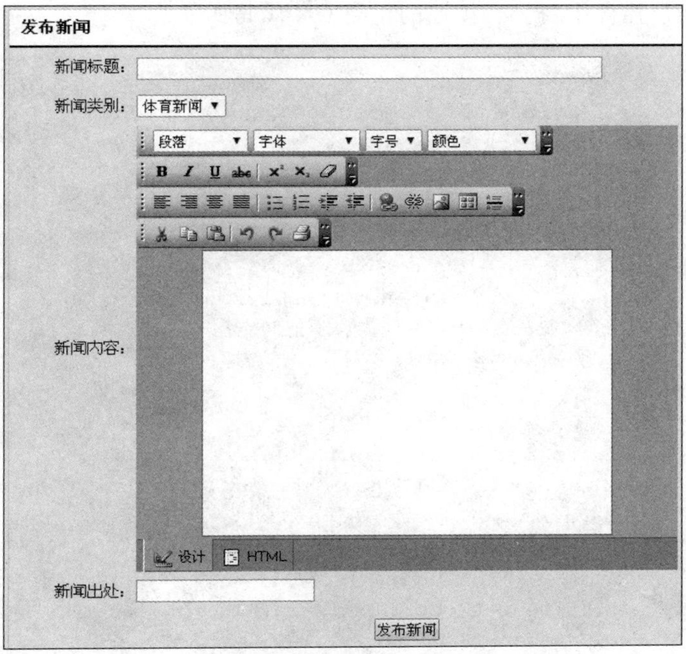

图 10-4 新闻添加页面设计

```
using FreeTextBoxControls.Common;
```

可以在引用的 FreeTextBox.dll 查看对象浏览，点开树型目录就可以看到上面所说的命名空间了。

（3）在 aspx 文件中添加 FreeTextBox。

```
<%@ Register TagPrefix="ftb" Namespace="FreeTextBoxControls" assembly=
"FreeTextBox" %>
```

具体方法和内联一样，同时 cs 文件中会有如下代码。

```
protected FreeTextBoxControls.FreeTextBox FreeTextBox1;
```

运行一下就可以看到结果了，在设计模式下还可以查看 FreeTextBox 属性。

用户控件中没有@Page 指令，而是包含@Control 指令。该指令对配置及其他属性进行定义；用户控件不能作为独立文件运行，而必须像处理任何控件一样，将它们添加到 ASP.NET 页中；用户控件中没有 html、body 或 form 元素，这些元素必须位于主页中。

使用新闻添加用户控件的主要源视图代码如下：

```
<%@Page Language="C#" MasterPageFile="~/index.Master" AutoEventWireup="true"
CodeBehind="adminmanage.aspx.cs" ValidateRequest="false" Inherits=
"Maticsoft.Web.usermanage" Title="管理员-后台管理" %>
<%@Register Src="Controls/release.ascx" TagName="release" TagPrefix="uc5" %>
```

新闻添加用户控件中“提交”按钮的主要C#代码如下：

```
//发布新闻
protected void btnRelease_Click(object sender, EventArgs e)
{
    if (Page.IsValid)
    {
        if (ftxtContents.Text=="")
        {
            Page.ClientScript.RegisterStartupScript(GetType(),"message",
            "<script>alert('新闻内容不能为空');</script>");
        }
        else
        {
            Model.tNews tNews=new Maticsoft.Model.tNews();
            DataSet dt=new BLL.tNewsCategory().GetList("CategoryName='"+
            DropDownList1.SelectedValue+"'");
            DataSet ds=new BLL.tUsers().GetList("UserName='"+Session
            ["userName"].ToString()+"'");
            tNews.Title=txtTitle.Text.Trim();
            tNews.CategoryID=Convert.ToInt32(dt.Tables[0].Rows[0][0]);
            tNews.Contents=ftxtContents.Text.Trim();
            tNews.ReferInfo=txtReferInfo.Text.Trim();
            tNews.LiuLan=0;
            tNews.AuthorID=Convert.ToInt32(ds.Tables[0].Rows[0][0]);
            if (Session["usertype"] !=null && Session["usertype"].ToString()==
            "管理员")
            {
                tNews.Status="可发布";
            }
            int b=new BLL.tNews().Add(tNews);
            if (b >0)
            {
                if (Session["usertype"].ToString()=="管理员")
                {
                    Page.ClientScript.RegisterStartupScript(GetType(),
                    "message","<script>alert('恭喜您,发布新闻成功!');
                    </script>");
                    txtTitle.Text="";
                    DropDownList1.SelectedIndex=0;
                    ftxtContents.Text="";
                    txtReferInfo.Text="";
                }
                else
                {
                    Page.ClientScript.RegisterStartupScript(GetType(),"message",
                    "<script>alert('发布新闻成功!请等待审核');</script>");
```

```
                    txtTitle.Text="";
                    DropDownList1.SelectedIndex=0;
                    ftxtContents.Text="";
                    txtReferInfo.Text="";
                }
            }
            else
            {
                Page.ClientScript.RegisterStartupScript(GetType(),"message",
                "<script>alert('发布新闻失败!');</script>");
            }
        }
    }
}
```

对应的 DAL 层中 tNewsCategory. cs 获取新闻类别列表的方法如下：

```
public DataSet GetList(string strWhere)
{
    StringBuilder strSql=new StringBuilder();
    strSql.Append("select ID,CategoryName,Status,Remark ");
    strSql.Append(" FROM tNewsCategory ");
    if(strWhere.Trim()!="")
    {
        strSql.Append(" where "+strWhere);
    }
    return DbHelperSQL.Query(strSql.ToString());
}
```

DAL 层 tUsers. cs 中获取登录用户信息的方法如下：

```
public DataSet GetList(string strWhere)
{
    StringBuilder strSql=new StringBuilder();
    strSql.Append("select ID,UserLoginID,Password,UserName,
        UserEmail,UserRegDate,UserType,Remark ");
    strSql.Append(" FROM tUsers ");
    if(strWhere.Trim()!="")
    {
        strSql.Append(" where "+strWhere);
    }
    return DbHelperSQL.Query(strSql.ToString());
}
```

DAL 层 tNews. cs 中添加新闻的方法代码如下：

```
public int Add(Maticsoft.Model.tNews model)
{
    StringBuilder strSql=new StringBuilder();
```

```
    strSql.Append("insert into tNews(");
    strSql.Append("Title,AuthorID,CategoryID,AddDate,ReferInfo,Contents,
    Status,CommentStatus,Remark,LiuLan)");
    strSql.Append(" values (");
    strSql.Append("@Title,@AuthorID,@CategoryID,@AddDate,@ReferInfo,@
    Contents,@Status,@CommentStatus,@Remark,@LiuLan)");
    strSql.Append(";select @@IDENTITY");
    SqlParameter[] parameters={
        new SqlParameter("@Title", SqlDbType.NVarChar,50),
        new SqlParameter("@AuthorID", SqlDbType.Int,4),
        new SqlParameter("@CategoryID", SqlDbType.Int,4),
        new SqlParameter("@AddDate", SqlDbType.DateTime),
        new SqlParameter("@ReferInfo", SqlDbType.NVarChar,50),
        new SqlParameter("@Contents", SqlDbType.Text),
        new SqlParameter("@Status", SqlDbType.NVarChar,-1),
        new SqlParameter("@CommentStatus", SqlDbType.NVarChar,4),
        new SqlParameter("@Remark", SqlDbType.NVarChar,100),
        new SqlParameter("@LiuLan", SqlDbType.Int,4)};
    parameters[0].Value=model.Title;
    parameters[1].Value=model.AuthorID;
    parameters[2].Value=model.CategoryID;
    parameters[3].Value=model.AddDate;
    parameters[4].Value=model.ReferInfo;
    parameters[5].Value=model.Contents;
    parameters[6].Value=model.Status;
    parameters[7].Value=model.CommentStatus;
    parameters[8].Value=model.Remark;
    parameters[9].Value=model.LiuLan;
    object obj=DbHelperSQL.GetSingle(strSql.ToString(), parameters);
    if (obj==null)
    {
        return 0;
    }
    else
    {
        return Convert.ToInt32(obj);
    }
}
```

任务 2　新闻管理(查询、修改、删除)

新闻管理主要包括按新闻状态查询新闻、新闻的修改和删除功能,新闻管理用户控件 NewsManagement.ascx 设计如图 10-5 所示。

新闻显示列表 GridView 数据绑定控件源视图代码如下:

新闻管理

新闻状态：可发布

新闻类别	新闻标题	审核结果	编辑	删除
[数据绑定]	数据绑定	数据绑定	编辑	删除
[数据绑定]	数据绑定	数据绑定	编辑	删除
[数据绑定]	数据绑定	数据绑定	编辑	删除
[数据绑定]	数据绑定	数据绑定	编辑	删除
[数据绑定]	数据绑定	数据绑定	编辑	删除

图 10-5 新闻管理用户控件

```
<asp:GridView ID="gvNews" runat="server" AutoGenerateColumns="False"
        EmptyDataText="暂无新闻" DataKeyNames="id" onrowdeleting="gvNews_
        RowDeleting">
    <Columns>
        <asp:TemplateField HeaderText="新闻类别">
            <ItemTemplate>
                <a href='list.aspx?CategoryID=<%#Eval("CategoryID") %>'>[<%
                #Eval("CategoryName") %>]</a>
            </ItemTemplate>
        </asp:TemplateField>
        <asp:TemplateField HeaderText="新闻标题">
            <ItemTemplate>
                <a href='newscontent.aspx?newsid=<%#Eval("ID") %>' target=
                "_blank" title='<%#Eval("Title") %>'>
              <%#StringTruncat(Eval("Title").ToString(),18,"...") %></a>
            </ItemTemplate>
        </asp:TemplateField>
        <asp:BoundField DataField="status" HeaderText="审核结果" />
        <asp:HyperLinkField DataNavigateUrlFields="id"  Target="_blank"
            DataNavigateUrlFormatString="~/modifynews.aspx?id={0}" HeaderText=
            "编辑"
            Text="编辑" />
        <asp:TemplateField HeaderText="删除" ShowHeader="False">
            <ItemTemplate>
                    <asp:LinkButton ID="LinkButton1" runat="server" Causes
                    Validation="False"
                    CommandName="Delete" Text="删除"></asp:LinkButton>
            </ItemTemplate>
        </asp:TemplateField>
    </Columns>
</asp:GridView>
```

在新闻状态下拉列表中选择“可发布”或“未通过”，gvNews 数据绑定控件中显示相应状态的新闻列表，主要 C# 代码如下：

```
protected void DropDownList1_SelectedIndexChanged(object sender, EventArgs e)
{
    Bind();
}
protected void Bind()
{
    if (DropDownList1.SelectedIndex==0)
    {
        gvNews.DataSource=new BLL.tNews().GetListnews("tNews.Status='可发布'");
        gvNews.DataBind();
    }
    else
    {
        gvNews.DataSource=new BLL.tNews().GetListnews("tNews.Status='未通过'");
        gvNews.DataBind();
    }
}
```

DAL层中获取新闻列表GetListnews方法的代码在前面已经详述,在此不再多加描述。

单击GridView控件模板列中的“编辑”按钮,页面跳转到modifynews.aspx页面进行新闻内容的修改,主要代码如下:

```
protected void btnRelease_Click(object sender, EventArgs e)
{
    string id=Request.QueryString["id"];
    //获取传过来的要修改的新闻的id
    Model.tNews tNews=new BLL.tNews().GetModel(Convert.ToInt32(id));
    //id值还是传过来的id不变
    tNews.ID=Convert.ToInt32(id);
    //标题为textbox里的值可变
    tNews.Title=txtTitle.Text.Trim();
    //类别id为下拉控件选中的选项在数据库类别表中所对应的id可变
     tNews. CategoryID = Convert. ToInt32 (new  BLL. tNewsCategory ( ). GetList
     ("CategoryName='"+DropDownList1.SelectedValue+"'").Tables[0].Rows[0][0]);
    //新闻内容为freetextbox里的值可变
    tNews.Contents=ftxtContents.Text.Trim();
    //新闻出处为textbox里的值,可变可为空
    tNews.ReferInfo=txtReferInfo.Text.Trim();
    //"是否允许评论"为下拉控件选中的选项,普通用户无法编辑
    tNews.CommentStatus=DropDownList2.SelectedValue;
    //作者id不变
    tNews.AuthorID=Convert.ToInt32(new BLL.tNews().GetList("id='"+id+"'").
                 Tables[0].Rows[0]["authorid"]);
    if (Session["usertype"] !=null)
    {
        if (Session["usertype"].ToString()=="管理员")
```

```
        {
            tNews.Status="可发布";
        }
        else
        {
            tNews.Status="待审核";
        }
    }
    //更新新闻
    bool b=new BLL.tNews().Update(tNews);
    if (b)
    {
        Page.ClientScript.RegisterStartupScript(GetType(),"message", "<script>
        alert('修改新闻成功');window.opener=null;window.close();</script>");
    }
    else
    {
        Response.Write("<script>alert('修改新闻失败!');window.location.href=
        'index.aspx';</script>");
    }
}
```

对应的DAL层tNews.cs中修改新闻的Update方法代码如下：

```
public bool Update(Maticsoft.Model.tNews model)
{
    StringBuilder strSql=new StringBuilder();
    strSql.Append("update tNews set Title=@Title,AuthorID=@AuthorID, CategoryID=
    @CategoryID, AddDate=@AddDate, ReferInfo=@ReferInfo,Contents=@Contents,
    Status=@Status, CommentStatus=@CommentStatus, Remark= @Remark,LiuLan=
    @LiuLan where ID=@ID");
    SqlParameter[] parameters={
        new SqlParameter("@Title", SqlDbType.NVarChar,50),
        new SqlParameter("@AuthorID", SqlDbType.Int,4),
        new SqlParameter("@CategoryID", SqlDbType.Int,4),
        new SqlParameter("@AddDate", SqlDbType.DateTime),
        new SqlParameter("@ReferInfo", SqlDbType.NVarChar,50),
        new SqlParameter("@Contents", SqlDbType.Text),
        new SqlParameter("@Status", SqlDbType.NVarChar,-1),
        new SqlParameter("@CommentStatus", SqlDbType.NVarChar,4),
        new SqlParameter("@Remark", SqlDbType.NVarChar,100),
        new SqlParameter("@LiuLan", SqlDbType.Int,4),
        new SqlParameter("@ID", SqlDbType.Int,4)};
    parameters[0].Value=model.Title;
    parameters[1].Value=model.AuthorID;
    parameters[2].Value=model.CategoryID;
    parameters[3].Value=model.AddDate;
```

```
    parameters[4].Value=model.ReferInfo;
    parameters[5].Value=model.Contents;
    parameters[6].Value=model.Status;
    parameters[7].Value=model.CommentStatus;
    parameters[8].Value=model.Remark;
    parameters[9].Value=model.LiuLan;
    parameters[10].Value=model.ID;
    int rows=DbHelperSQL.ExecuteSql(strSql.ToString(), parameters);
    if (rows >0)
    {
        return true;
    }
    else
    {
        return false;
    }
}
```

单击 GridView 控件模板列中的"删除"按钮,删除新闻的主要 C#代码如下:

```
protected void gvNews_RowDeleting(object sender, GridViewDeleteEventArgs e)
{
     bool b = new BLL.tNews ( ). Delete (Convert. ToInt32 (gvNews. DataKeys [e.
     RowIndex].Value));
    if (b)
    {
        Page.ClientScript.RegisterStartupScript(GetType(),"message", "<script>
        alert('删除成功!');</script>");
        gvNews.DataSource=new BLL.tNews().GetListnews("tNews.Status!='待审核'");
        gvNews.DataBind();
    }
    else
    {
        Page.ClientScript.RegisterStartupScript(GetType(),"message", "<script>
        alert('删除失败!');</script>");
    }
}
```

对应的 DAL 层 tNews.cs 中删除新闻的方法代码如下:

```
public bool Delete(int ID)
{
    StringBuilder strSql=new StringBuilder();
    strSql.Append("delete from tNews ");
    strSql.Append(" where ID=@ID");
    SqlParameter[] parameters={new SqlParameter("@ID", SqlDbType.Int,4)};
    parameters[0].Value=ID;
    int rows=DbHelperSQL.ExecuteSql(strSql.ToString(), parameters);
```

```
    if (rows >0)
    {
        return true;
    }
    else
    {
        return false;
    }
}
```

任务 3 新闻审核

对于普通用户提交的新闻，需要通过管理员的审核才能显示，新闻审核功能与新闻管理在 NewsManagement.ascx 用户控件中设计与实现，控件设置如图 10-6 所示。

新闻审核			
新闻序号	新闻标题	是否审核	审核
数据绑定	数据绑定	数据绑定	通过 | 未通过
数据绑定	数据绑定	数据绑定	通过 | 未通过
数据绑定	数据绑定	数据绑定	通过 | 未通过
数据绑定	数据绑定	数据绑定	通过 | 未通过
数据绑定	数据绑定	数据绑定	通过 | 未通过

图 10-6 新闻审核功能设计

新闻审核通过 GridView 控件中的模板列实现，对应的源视图代码如下：

```
<asp:GridView ID="gvStatus" runat="server" AutoGenerateColumns="False"
    DataKeyNames="ID" EmptyDataText="暂无须审核的新闻">
    <Columns>
        <asp:BoundField DataField="ID" HeaderText="新闻序号" InsertVisible=
        "False"
            ReadOnly="True" SortExpression="ID" />
        <asp:TemplateField HeaderText="新闻标题">
            <ItemTemplate>
              <a href='newscontent.aspx?newsid=<%#Eval("ID") %>' target="_blank"
              title='<%#Eval("Title") %>'><%#StringTruncat(Eval("Title").ToString
              (),18,"...") %></a>
            </ItemTemplate>
        </asp:TemplateField>
        <asp:BoundField DataField="status" HeaderText="是否审核" />
        <asp:TemplateField HeaderText="审核">
            <ItemTemplate>
                <asp:LinkButton ID="lbtnYes" runat="server" CausesValidation=
                "false"
                    CommandArgument='<%#Eval("ID") %>' Text="通过" OnClick=
                    "lbtnYes_Click"></asp:LinkButton>|
```

```
                <asp:LinkButton ID="lbtnNo" runat="server" CausesValidation=
                "false" CommandArgument='<%#Eval("ID")%>' Text="未通过"
                OnClick="lbtnNo_Click"></asp:LinkButton>
            </ItemTemplate>
        </asp:TemplateField>
    </Columns>
</asp:GridView>
```

新闻审核有通过和不通过两种情况,审核通过的新闻会显示在新闻列表中,审核未通过不能显示,具体代码如下:

```
//审核通过
protected void lbtnYes_Click(object sender, EventArgs e)
{
    LinkButton lbtn=(LinkButton)sender;                //注意控件类型的转换
    int id=Convert.ToInt32(lbtn.CommandArgument); //获取得到控件绑定的对应值
    Model.tNews tNews=new BLL.tNews().GetModel(id);
    tNews.Status="可发布";
    bool b=new BLL.tNews().Update(tNews);
    if (b)
    {
        Page.ClientScript.RegisterStartupScript(GetType(),"message", "<script>
        alert('该新闻已通过审核');</script>");
        Bind();
        gvStatus.DataSource=new BLL.tNews().GetListnews("tNews.Status='待审核'");
        gvStatus.DataBind();
        gvNews.DataSource=new BLL.tNews().GetListnews("tNews.Status='可发布'");
        gvNews.DataBind();
    }
    else
    {
        Page.ClientScript.RegisterStartupScript(GetType(),"message", "<script>
        alert('审核新闻失败');</script>");
    }
}
//审核未通过
protected void lbtnNo_Click(object sender, EventArgs e)
{
    LinkButton lbtn=(LinkButton)sender;                //注意控件类型的转换
    int id=Convert.ToInt32(lbtn.CommandArgument); //获取得到控件绑定的对应值
    Model.tNews tNews=new BLL.tNews().GetModel(id);
    tNews.Status="未通过";
    bool b=new BLL.tNews().Update(tNews);
    if (b)
    {
        Page.ClientScript.RegisterStartupScript(GetType(),"message", "<script>
        alert('该新闻未通过审核');</script>");
```

```
        Bind();
        gvStatus.DataSource=new BLL.tNews().GetListnews("tNews.Status='待审核'");
        gvStatus.DataBind();
        gvNews.DataSource=new BLL.tNews().GetListnews("tNews.Status='可发布'");
        gvNews.DataBind();
    }
    else
    {
        Page.ClientScript.RegisterStartupScript(GetType(),"message", "<script>
        alert('审核失败');</script>");
    }
}
```

新闻审核对应的 DAL 层 tNews.cs 的 Update 方法,主要功能是新闻状态的修改,其代码已在上述任务中说明。

10.3 常见问题解析

【问题 1】 在使用用户控件的时候为什么会出现“未将对象引用设置到对象的实例”的错误?如何解决?

【答】 主要原因及解决方法如下。

比如,在一个 pageA.aspx.cs 页面中访问 ID 为“uucc”的名为 yourClass 的用户控件(这个用户控件已经拖到页面 pageA.aspx 中)。代码如下:

```
//功能:隐藏用户控件
//代码写在 pageA.aspx.cs 中
youClass ctrl=(yourClass)this.FindControl("uucc");
ctrl.Visible=false;
```

原因 1:考虑是否 pageA.aspx 中有这个 id 的用户控件。解决方法:检查有没有打错 id。

原因 2:考虑 FindControl 内的参数是否写成了控件名而不是控件 id。解决方法:检查有没有打错 id。

原因 3:考虑 pageA.aspx 中是否有多个同名的用户控件,是否需要缩小 FindControl 的范围,比如改成:this.form1.FindControl("uucc");或者 this.form2.FindControl("uucc")等。解决方法:缩小 FindControl 的范围。

【问题 2】 使用文本编辑器 FreeTextBox 时总是提示“从客户端(FreeTextBox1="...eeTextBox1<SPAN lang=EN-US sty...")中检测到有潜在危险的 Request.Form 值。”,这个错误怎么解决?

【答】 通过在 Page 指令或 配置节中设置 validateRequest=false 可以禁用请求验证。

10.4 拓展实践指导

文本编辑器 FreeTextBox 虽然提供了常用的一些功能，但是在实际应用中可能要根据自己的实际情况添加一些功能，这就需要自己对 FreeTextBox 的功能进行扩展。比如，用户在 FreeTextBox 里添加自己的按钮，可以用代码实现，也可以在界面里写。

第11章

“新闻发布系统”系统实施——新闻评论管理

11.1 项目分析

本章主要介绍新闻评论管理模块的设计与实现。评论管理是新闻发布系统的有机组成部分，在增加新闻发布系统的交互性的同时也增加了系统的可控性。用户在完成新闻阅读之后，可以通过该模块及时发表自己的观点和见解。新发表的评论默认状态是不显示，直到管理员审核通过后才会显示。管理员也可以直接编辑或删除不合适的评论，以保证整个新闻发布系统能够持续保持一个健康而有序的环境。按照实际工作过程，将以上项目分为3个工作任务。

任务1 评论管理

管理员或普通用户登录后，先进入后台管理，再进入评论管理。管理员可以管理所有已发布的评论，普通用户可以管理自己的所有评论，功能效果如图11-1所示。

评论管理

评论状态：可发布

评论序号	新闻ID	评论内容	审核结果	操作
77	74	这是第二条评论！	可发布	编辑 删除
76	74	三元的纸币，我还真没见过！	可发布	编辑 删除

图11-1 评论管理

任务2 评论审核

管理员登录成功后，先进入后台管理，再进入评论管理。可以看到所有待审核的评论，并能够选择通过或未通过，功能效果如图11-2所示。

评论审核

评论序号	新闻ID	评论内容	是否审核	审核
81	74	什么时候发行的呀，刚建国那会儿吧！	待审核	通过 | 未通过
82	74	无图无真相！	待审核	通过 | 未通过

图11-2 评论审核

11.2 项目实施

任务1 评论管理

在解决方案资源管理器中创建自定义控件文件，起名为 CommentManagement.ascx，具体操作如图 11-3 所示。

在设计区中添加两个 GridView 控件，第一个 GridView 用来管理新闻评论，第二个用来进行新闻审核。最后添加一个 SqlDataSource 控件，用来提供数据源，具体如图 11-4 所示。

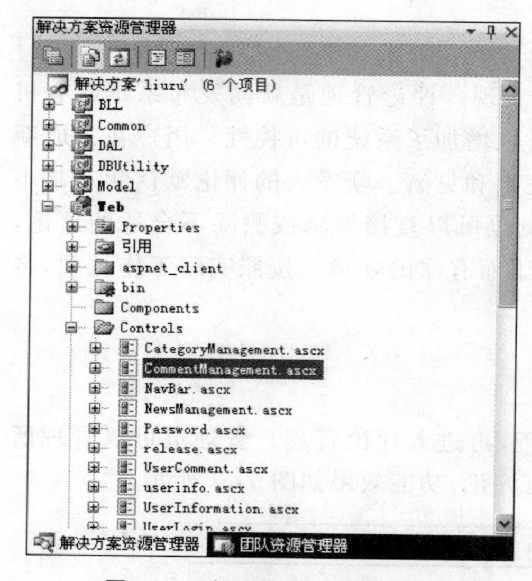

图 11-3　创建自定义控件文件

图 11-4　"GridView 设置"对话框

对第一个 GridView 进行设置，其主要源视图代码如下：

```
<asp:GridView ID="gvcommentyes" runat="server" AutoGenerateColumns="False"
    DataKeyNames="ID" DataSourceID="SqlDataSource1" EmptyDataText="暂无可管理
    的评论">
    <Columns>
        <asp:BoundField DataField="ID" HeaderText="评论序号" InsertVisible=
        "False"
            ReadOnly="True" SortExpression="ID" />
        <asp:TemplateField HeaderText="新闻 ID">
            <ItemTemplate>
                <a href='newscontent.aspx?newsid=<%#Eval("NewsID") %>'><%#
                Eval("NewsID") %></a>
            </ItemTemplate>
        </asp:TemplateField>
        <asp:TemplateField HeaderText="评论内容" SortExpression="Contents">
            <EditItemTemplate>
```

```
                <asp:TextBox ID="TextBox1" runat="server" Text='<%# Bind
                ("Contents") %>'></asp:TextBox>
            </EditItemTemplate>
            <ItemTemplate>
            <a href='newscontent.aspx?newsid=<%#Eval("newsID") %>' target=
            "_blank" title='<%#Eval("Contents") %>'><%#StringTruncat(Eval
            ("Contents").ToString(), 18, "...")%></a>
            </ItemTemplate>
        </asp:TemplateField>
        <asp:BoundField DataField="status" HeaderText="审核结果?" ReadOnly=
        "true" />
        <asp:CommandField HeaderText="操作" ShowDeleteButton="True"
            ShowEditButton="True" />
    </Columns>
</asp:GridView>
```

在 CommentManagement.ascx.cs 中添加代码，实现截取固定长度评论内容，具体实现的主要代码如下：

```
///<summary>
///将指定字符串按指定长度进行剪切
///</summary>
///<param name="oldStr">需要截断的字符串 </param>
///<param name="maxLength">字符串的最大长度</param>
///<param name="endWith">超过长度的后缀 </param>
///<returns>如果超过长度,返回截断后的新字符串加上后缀,否则,返回原字符串</returns>
public static string StringTruncat(string oldStr, int maxLength, string endWith)
{
    if (string.IsNullOrEmpty(oldStr))
        //throw new NullReferenceException("原字符串不能为空 ");
        return oldStr+endWith;
    if (maxLength <1)
        throw new Exception("返回的字符串长度必须大于[0] ");
    if (oldStr.Length >maxLength)
    {
        string strTmp=oldStr.Substring(0, maxLength);
        if (string.IsNullOrEmpty(endWith))
            return strTmp;
        else
            return strTmp+endWith;
    }
    return oldStr;
}
```

设置 SqlDataSource 控件的源视图代码如下：

```
<asp:SqlDataSource ID="SqlDataSource1" runat="server"
    ConnectionString="<%$ConnectionStrings:CMSConnectionString %>"
```

```
    DeleteCommand="DELETE FROM [tComment] WHERE [ID]=@ID"
    InsertCommand="INSERT INTO [tComment] ([NewsID], [Contents], [Status])
    VALUES (@NewsID, @Contents, @Status)"
    SelectCommand="SELECT [ID], [NewsID], [Contents], [Status] FROM [tComment]
    WHERE (([Status] NOT LIKE '%'+@Status+'%') AND ([Status]=@Status2)) ORDER
    BY [AddDate] DESC"
    UpdateCommand="UPDATE [tComment] SET [Contents]=@Contents WHERE [ID]=@ID"
    ProviderName="<%$ConnectionStrings:CMSConnectionString.ProviderName %>">
    <SelectParameters>
        <asp:Parameter DefaultValue="未¡ä审¦®核?" Name="Status" Type="String" />
        <asp:ControlParameter ControlID="DropDownList1" Name="Status2"
            PropertyName="SelectedValue" Type="String" />
    </SelectParameters>
    <DeleteParameters>
        <asp:Parameter Name="ID" Type="Int32" />
    </DeleteParameters>
    <UpdateParameters>
        <asp:Parameter Name="NewsID" Type="Int32" />
        <asp:Parameter Name="Contents" Type="String" />
        <asp:Parameter Name="Status" Type="String" />
        <asp:Parameter Name="ID" Type="Int32" />
    </UpdateParameters>
    <InsertParameters>
        <asp:Parameter Name="NewsID" Type="Int32" />
        <asp:Parameter Name="Contents" Type="String" />
        <asp:Parameter Name="Status" Type="String" />
    </InsertParameters>
</asp:SqlDataSource>
```

任务2　评论审核

对第二个GridView进行设置，其主要源视图代码如下：

```
<asp:GridView ID="gvStatus" runat="server" AutoGenerateColumns="False"
    DataKeyNames="ID" EmptyDataText="暂无须审的评论">
    <Columns>
        <asp:BoundField DataField="ID" HeaderText="评论序号" InsertVisible=
        "False"
            ReadOnly="True" SortExpression="ID" />
        <asp:TemplateField HeaderText="新闻ID">
            <ItemTemplate>
                <a href='newscontent.aspx?newsid=<%#Eval("NewsID") %>'><%#
               Eval("NewsID") %></a>
            </ItemTemplate>
        </asp:TemplateField>
        <asp:TemplateField HeaderText="评论内容" SortExpression="Contents">
            <EditItemTemplate>
```

```
                <asp:TextBox ID="TextBox1" runat="server"  Text='<%#Bind
                ("Contents") %>'></asp:TextBox>
            </EditItemTemplate>
            <ItemTemplate>
            <a href='newscontent.aspx?newsid=<%#Eval("newsID") %>' target=
            "_blank" title='<%#Eval("Contents") %>'><%#StringTruncat(Eval
            ("Contents").ToString(), 18, "...")%></a>
            </ItemTemplate>
        </asp:TemplateField>
        <asp:BoundField DataField="status" HeaderText="是否审核" />
        <asp:TemplateField HeaderText="审核">
            <ItemTemplate>
                <asp:LinkButton ID="lbtnYes" runat="server" CausesValidation=
                "false"
                    CommandArgument='<%#Eval("ID") %>' Text="通过" OnClick=
                    "lbtnYes_Click"></asp:LinkButton>|<asp:LinkButton ID=
                    "lbtnNo" runat="server" CausesValidation="false"
                   CommandArgument='<%#Eval("ID") %>' Text="未通过" OnClick=
                   "lbtnNo_Click"></asp:LinkButton>
            </ItemTemplate>
        </asp:TemplateField>
    </Columns>
</asp:GridView>
```

编写代码，实现“通过”按钮的功能，其Click事件代码如下：

```
//审核通过
protected void lbtnYes_Click(object sender, EventArgs e)
{
    LinkButton lbtn=(LinkButton)sender;          //注意控件类型的转换
    string id=lbtn.CommandArgument;              //获取得到控件绑定的对应值
    Model.tComment tcomment=new Maticsoft.Model.tComment();
    tcomment.Status="可发布?";
    tcomment.ID=Convert.ToInt32(id);
    DataSet dt=new BLL.tComment().GetList("id='"+id+"'");
    tcomment.AuthorID=Convert.ToInt32(dt.Tables[0].Rows[0]["AuthorID"]);
    tcomment.NewsID=Convert.ToInt32(dt.Tables[0].Rows[0]["NewsID"]);
    bool b=new BLL.tComment().Update(tcomment);
    if (b)
    {
        Page.ClientScript.RegisterStartupScript(GetType(),"message", "<script>
        alert('该评论已通审核!');</script>");
        gvcommentyes.DataBind();
        gvStatus.DataSource=new BLL.tComment().GetList("status='待审核!'");
        gvStatus.DataBind();
    }
    else
```

```
    {
        Page.ClientScript.RegisterStartupScript(GetType(),"message", "<script>
        alert('审核评论失败!');</script>");
    }
}
```

11.3 常见问题解析

【问题1】 如何在GridView模板列中动态生成超链接?

【答】 可以在GridView控件的模板列中插入超链接<A></A>标记,并在<A>标记中的href属性值中使用数据绑定表达式动态绑定数据库表的主键,这样可以在GridView数据行中动态生成超链接并使用GET方式完成页面间传值。当目标页面接收到传过去的主键值后,可以根据值找到对应的某一行数据并进行显示。

【问题2】 如何为GridView模板列中的控件添加事件代码?

【答】 因为模板列中可以放置任意服务器端控件,而大部分服务器端控件都有自己的事件。GridView并不支持自动为其内部模板列中的控件注册事件,这里可以自己编写事件代码并手动为其注册。比如用户可以为模板列中的按钮控件设置其OnClick="lbtnYes_Click",然后再编写一个名为lbtnYes_Click的事件就可以完成注册了。

11.4 拓展实践指导

GridView控件中的ItemTemplate项模板默认是单色显示的,在数据行比较多的时候浏览者要快速定位某一行比较困难。AlternatingItemTemplate模板可以实现颜色交替显示的效果,请同学们利用AlternatingItemTemplate模板实现数据行双色交替显示的效果,以此实现更加良好的用户体验。

第12章

“新闻发布系统”系统测试

12.1 项目分析

本章主要介绍了如何完成系统的测试工作。软件测试是为了发现软件中的错误而执行程序代码并尝试发现错误的过程。首先对软件的各个基本组成模块进行代码审查，然后根据本模块的程序结构特点或典型业务逻辑设计用例并测试；当一个模块单元测试完毕后，将这个模块和其他已经完成单元测试的模块放在一起进行集成测试，直到所有模块完成集成测试；最后针对整个软件进行系统测试，以发现软件的安全性、性能、可靠性等产品级缺陷。同学们可以进行分组，不同小组测试不同的模块，最后小组之间共同完成集成测试和系统测试。按照实际工作过程，将以上项目分为 3 个工作任务。

任务 1　单元测试

实际的软件测试应该和开发同时展开，在设计阶段确定好系统架构后，按照自底向上的顺序开发一个模块测试一个模块。完成本模块的单元测试工作后，继续将新开发完毕的模块和已经测试完毕的模块作为一个整体进行集成测试，重复以上步骤直到程序开发完成，这时单元测试和集成测试工作也就同步完成了。根据系统设计，新闻发布系统架构示意如图 12-1 所示。

具体代码组织情况如图 12-2 所示。

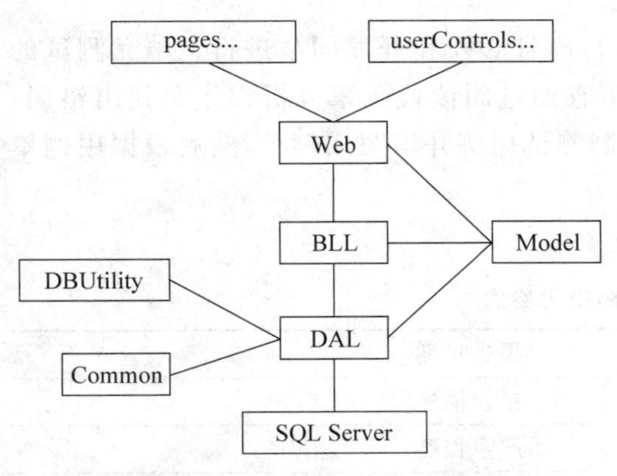

图 12-1　新闻发布系统架构示意

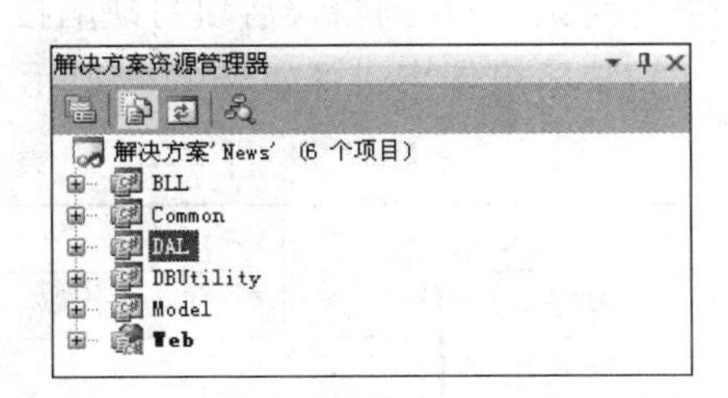

图 12-2　具体代码组织情况

其中处于最底层的模块是整个解决方案中 Model、Common 和 DBUtility 三个项目，它们被 DAL 调用而其自身并未调用其他项目。再往上是 BLL，它调用了 DAL。最上面是 Web，它由很多页面和用户自定义控件组成，Web 调用了 BLL。

这些项目中，Model、Common、DBUtility、DAL、BLL 并不包含能在浏览器中显示的页面，而是通过自身的一些成员类来实现了某些功能。而 Web 中的动态页面和自定义控件虽然有自己的界面，但严格来说也是一种类，因此，可以把类作为面向对象语言编写的项目中单元测试的基本单位。这样测试的对象就必须包括类中的成员，具体可以是字段、属性和方法等。又因为类一般是通过方法来最终实现某些功能的，所以方法的测试是单元测试的重点。

例如，DBUtility 中的类实现了对数据库操作的所有原子功能，它内部的 DbHelperSQL 类中的部分方法如图 12-3 所示。

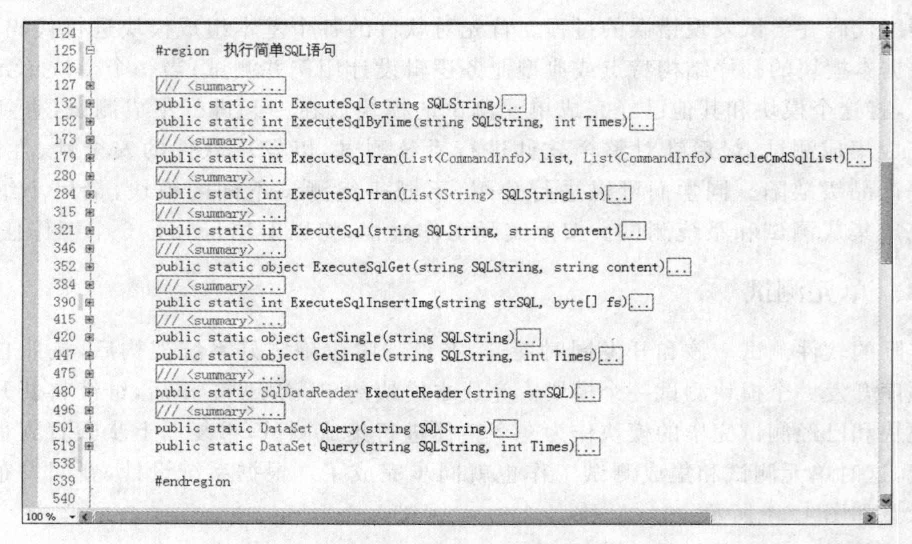

图 12-3　DbHelperSQL 类中的部分方法

可以看出，单元测试的工作量还是很大的，而且必须和开发同步进行。单元测试的手段主要有代码审查和用例测试，其中代码审查通过阅读代码来分析程序并找出错误，找到错误后填写缺陷报告。用例测试需要编制测试用例并填写用例单，然后根据用例单进行测试，当找到错误后填写缺陷报告。

缺陷报告格式可如表 12-1 所示。

表 12-1　缺陷报告格式

测试人		报告日期	
报告 ID		错误描述	
重现概率		严重程度	
错误分析			

续表

修改建议			
处理人		处理时间	
处理意见			
修改方式			
返测结果			
修改后的影响			

用例单元格式可如表 12-2 所示。

表 12-2 用例单元格式

单元测试用例(测试类中成员方法用)				
测试用例撰写人:		时间:		
单元名称:		成员变量类型:		
用例编号	调用位置	实际参数	预期返回值	预期结果

对于 Web 中的动态页面和自定义控件来说,测试时更多地采用测试者按照一定步骤对页面进行操作的方式来完成测试,这种情况下用例单可如表 12-3 所示。

表 12-3 页面测试用例单格式

页面测试用例(测试页面用)				
测试用例撰写人:		时间:		
页面名称:		用例编号:		
页面功能:				
测试目的:				
测试数据:				
操作步骤	操作描述	使用数据	预期结果	实际结果

任务 2 集成测试

当模块中的单个类测试完毕后,可以把模块中的类组合起来,按照类之间的依赖关系展开集成测试。集成测试的方式一般采取增值式,即先从一个对其他类依赖度最低的类开始测试,逐渐加入相关联的类,直到模块中的所有类都加入进来,这时针对某个模块中所有类的集成测试就结束了。当模块间的类有依赖或调用关系时,还要在模块之间展开类的集成测试。所以说,集成测试实际上是类之间关系的测试,测试目的是检查类之间是否能够正常协作。

在实际测试中,可以先把模块中的类图画出来,然后根据类之间的依赖关系一步一步增加被测类的数量。集成测试手段和单元测试一样,也包括代码审查和用例测试。

任务3 系统测试

当集成测试完毕后,程序在实际投入运行前最后进行的是系统测试,系统测试的目的是发现系统的产品级缺陷,比如功能测试、安全性测试、兼容性测试等。

在本例新闻发布系统的系统测试中,重点可以从以下几个方面来展开测试。用户界面可用性测试;SQL 注入攻击测试;对错误和异常处理的测试;浏览器兼容性测试;对 Cookie 和 Session 的测试。

系统测试中的很多用例都是通过用户对 Web 页面的操作来完成测试的。对于这些用例,可以设计相关测试的操作步骤,并填写相应的用例单。

12.2 项目实施

任务1 单元测试

对学生分组并分派需要测试的模块,小组拿到模块后首先通过代码审查对模块内的所有类进行代码审查并了解本模块的代码编写风格和问题解决思路;然后小组针对本模块的所有类设计测试用例,并根据测试用例进行测试,在测试过程中不断记录整理测试过程中发现的错误和解决方案,并记录到测试文档中。

例如,测试 DBUtility 模块中的 DbHelperSQL 类的 Query 方法,其代码如下:

```
///<summary>
///执行查询语句,返回 DataSet
///</summary>
///<param name="SQLString">查询语句</param>
///<returns>DataSet</returns>
public static DataSet Query(string SQLString)
{
    using (SqlConnection connection=new SqlConnection(connectionString))
    {
        DataSet ds=new DataSet();
        try
        {
```

```
            connection.Open();
            SqlDataAdapter command=new SqlDataAdapter(SQLString, connection);
            command.Fill(ds, "ds");
        }
        catch (System.Data.SqlClient.SqlException ex)
        {
            throw new Exception(ex.Message);
        }
        return ds;
    }
}
```

这里可以针对 Query 方法编写如表 12-4 所示的测试用例。

表 12-4 针对 Query 方法编写的测试用例

单元测试用例(测试类中成员方法用)				
测试用例撰写人:		时间: 年 月 日		
单元名称:		成员变量类型:		
用例编号	调用位置	实际参数	预期返回值	预期结果
1	测试页 Page_Load 事件	SQL 查询语句,返回空行	没有数据行的 DateSet	执行查询,然后正常返回
2	测试页 Page_Load 事件	SQL 查询语句,返回一行	含有一行数据的 DateSet	执行查询,然后正常返回
3	测试页 Page_Load 事件	SQL 查询语句,返回多行	含有多行数据的 DateSet	执行查询,然后正常返回
4	测试页 Page_Load 事件	杂乱的字符串	没有数据行的 DateSet	触发 trycatch,然后正常返回

任务 2 集成测试

首先学生通过系统架构和类图了解各模块与类以及类与类之间的关系,随后小组对本组模块内部的所有类展开集成测试,然后在本组模块类和相关联的其他模块类之间展开集成测试,并在文档中记录测试中发现的错误。最后小组之间开讨论会,针对跨模块错误协商并制订统一的解决方案,把结果记录到测试文档中。

例如,测试 UserLogin.ascx 中的 Login 方法,其代码如下:

```
///<summary>
///登录验证
///</summary>
///<param name="userName">用户名</param>
///<param name="pwd">密码</param>
///<returns>0用户不存在,-1禁止用户,1普通用户,2管理员</returns>
public int Login(string userName,string pwd)
{
    int result=0;
```

```
    DataSet dt=new BLL.tUsers().Validate(userName, pwd);
    if (dt.Tables[0].Rows.Count >0)
    {
        if (dt.Tables[0].Rows[0]["usertype"].ToString()=="禁止用户")
        {
            result=-1;
        }
        if (dt.Tables[0].Rows[0]["usertype"].ToString()=="普通用户")
        {
            result=1;
        }
        if (dt.Tables[0].Rows[0]["usertype"].ToString()=="管理员")
        {
            result=2;
        }
    }
    return result;
}
```

其中有一个对其他类中方法的调用,其代码如下:

```
DataSet dt=new BLL.tUsers().Validate(userName,pwd);
```

通过不断地单击“转到定义”可以发现,BLL. tUsers(). Validate()方法调用了 DAL 模块中 tUsers 类的 Validate ()方法,最后 DAL 模块中 tUsers 类的 Validate ()方法调用了 DBUtility 模块 DbHelperSQL 类的 Query 方法。可以看到,UserLogin. ascx 中的 Login 方法调用了一系列其他类中的方法,所以这是一个类之间的集成测试。

因此,可以针对 UserLogin. ascx 中的 DbHelperSQL 类的 Login 方法设计如表 12-5 所示的测试用例。

表 12-5 Login 方法的测试用例

集成测试用例				
测试用例撰写人:		时间: 年 月 日		
单元名称:UserLogin. ascx		成员变量类型:Login()		
用例编号	调用位置	实 际 参 数	预期返回值	预期结果
1	UserLogin. ascx	正确的用户名和密码	True	登录成功
2	UserLogin. ascx	错误的用户名和密码	False	登录失败
3	UserLogin. ascx	输入注入攻击 SQL 字符串	False	登录失败
4	UserLogin. ascx	杂乱的字符串	False	登录失败

任务 3 系统测试

首先对已经集成测试完毕的软件进行模拟实际部署,安排多人按照完整的业务流程同时对整个软件进行系统测试，以检测系统的并发性、容错性和可用性，并把测试结果记录到文档中。可从各小组中抽出一部分人组成用户测试组，模拟从用户的角度对软件的使用情况进行测试，并把发现的错误和改进意见记录到测试文档中。

例如，新闻发布系统在用户登录后，才能够访问某些页面，如图 12-4 所示。

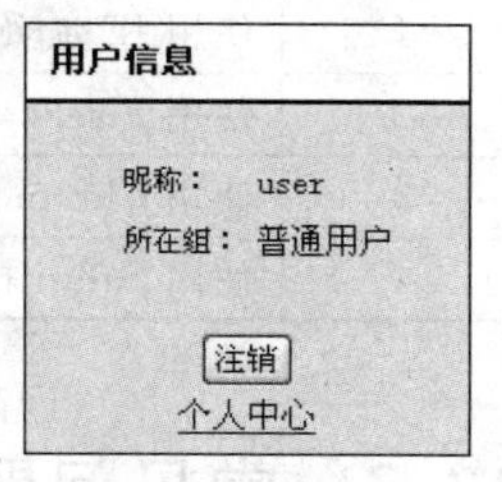

图 12-4 用户登录

这是因为当用户登录成功后，系统会把用户信息保存至 Session，比如当用户尝试访问后台管理页面时系统自动检查 Session 数据，如果用户数据存在则说明访问合法，否则不允许访问。设计测试用例如表 12-6 所示。

表 12-6 用户登录测试用例

页面测试用例（测试页面用）				
测试用例撰写人：		时间： 年 月 日		
页面名称：usermanage. aspx		用例编号：		
页面功能：提供后台管理功能，未登录时不能访问此页面				
测试目的：测试后台管理的安全性，测试 Session 数据的有效性				
测试数据：无				
操作步骤	操作描述	使用数据	预期结果	实际结果
1	登录	用户名、密码	登录区显示用户信息	
2	进入后台管理页面	无	正常进入后台管理页面	
3	注销用户	无	销毁 Session 数据，并显示登录界面	
4	未登录状态下直接在地址栏输入后台管理页面网址，尝试访问	无	页面跳转回主页	

例如，新闻发布系统的主页面在不同浏览器中的外观可能不同，这样会给用户留下界面不一致的印象，不利于网站的推广。用户可以针对主页面在不同浏览器中的兼容性问题设计测试用例，如表 12-7 所示。

表 12-7 主页外观的测试用例

页面测试用例（测试页面用）	
测试用例撰写人：	时间： 年 月 日
页面名称：index. aspx	用例编号：
页面功能：显示新闻分类条目，并通过不同区块显示分类条目中的最新新闻标题	
测试目的：测试主页在不同浏览器中的兼容性，查看页面效果是否一致	
测试数据：无	

续表

操作步骤	操作描述	使用数据	预期结果	实际结果
1	使用IE主页	无	各区块边框对齐,长宽与设计相同	
2	使用FireFox打开主页	无	各区块边框对齐,长宽与设计相同	
3	使用Chrome打开主页	无	各区块边框对齐,长宽与设计相同	
4	使用Safari打开主页	无	各区块边框对齐,长宽与设计相同	

12.3　常见问题解析

【问题1】 如何提高代码审查的效果?

【答】 虽然代码审查效果和测试者的经验密切相关,但是可以通过为新手制定详细的审查项和审查计划来提高代码审查的效果。只要科学地设置审查项和相应的审查计划,就可以避免因经验不足而遗漏某些内容或审查不出某些错误。

【问题2】 如何提高单元测试的覆盖率?

【答】 通过详细分析单元内部的代码结构,可以使测试用例能够完整覆盖到单元内部可能的程序执行路径;可以画出单元内部的数据流向图,并根据数据流向图来设计相应的测试用例,从而保证所有的代码执行路径在测试时都能够被覆盖到。

12.4　拓展实践指导

集成测试时,各个模块的内部类都已经测试完毕,这时需要测试的其实是类之间的关联是否正常。类和类之间的关联分为同一模块内部类之间的关联、不同模块所属类之间的关联。其中容易出问题的是模块之间类之间的关联,因为两个相关联的类分属不同模块,是由不同的测试小组负责测试的。因此,实际测试时可以采取相关小组召开讨论会并制订局部集成测试计划的方式提高测试效率。

第13章

“新闻发布系统”系统部署

13.1 项目分析

本章主要讲的是新闻发布系统的系统部署。网站设计、开发、测试完成后，必须脱离编程环境，部署到服务器上供用户访问。网络应用程序同 WinForm 应用程序一样，开发完成后也可进行部署。部署后的应用程序在安全上会有很大的提升，开发人员可以根据需要设置网站访问权限，从而阻止非法人员的恶意攻击。按照实际工作过程，将以上项目分为 2 个工作任务。

任务 1 网站发布

网站的源代码最好不要直接放到服务器上，这样代码不能保密，还可能会造成网站被黑客破坏。应该将网站生成一个只含程序集、静态内容和配置文件的文件组，这样把代码编译成二进制程序集，既提高了安全性，又由于程序集的缓存特性而提高了运行效率。发布后网站文件组如图 13-1 所示。

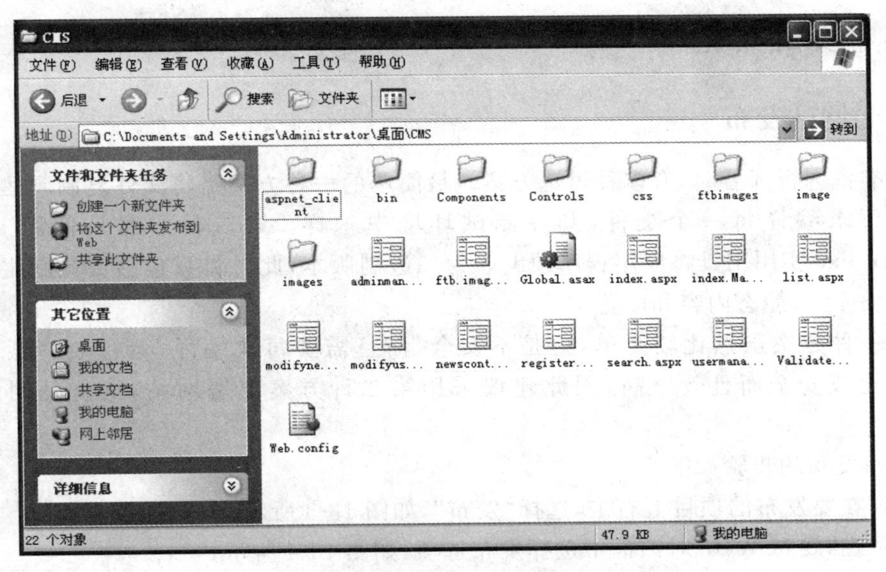

图 13-1 网站文件组图

任务 2　网站部署

发布后的网站可以添加到 IIS 管理器的站点中，并进行服务器相关配置，使得网站可以通过服务器地址访问。部署后效果如图 13-2 所示。

图 13-2　部署效果

13.2　项目实施

任务 1　网站发布

在准备进行部署时，有多种可选方案。最简单的一种方案是将文件复制到运行服务器并按要求编译每一个文件，和在测试环境中一样。第二种方案是使用 aspnet_compiler.exe 实用工具将应用程序预编译为二进制版本，此时将只包括要放到服务器上的一组程序集、静态内容和配置文件。

第一种方案虽然比较简单，但是不安全，而且需要每次编译，运行效率低。第二种方案比较安全而且效率高，因此建议采用第二种方案部署网站，这就是网站发布操作。

网站发布的步骤如下。

(1) 在要发布的项目上右击，选择"发布"，如图 13-3 所示。

(2) 在"发布 Web"对话框中选择发布选项，如图 13-4 所示。

(3) 在"发布 Web"对话框中单击目标位置，在"打开网站"对话框中选择发布后网站的保存位置，一般选择文件系统里的路径，如图 13-5 所示。

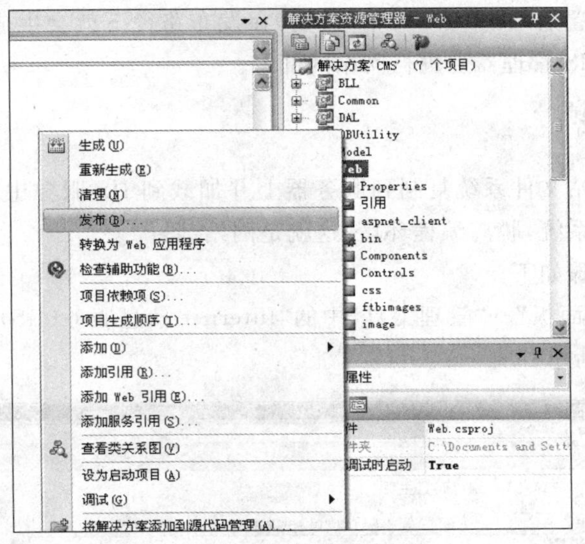

图 13-3　选择发布

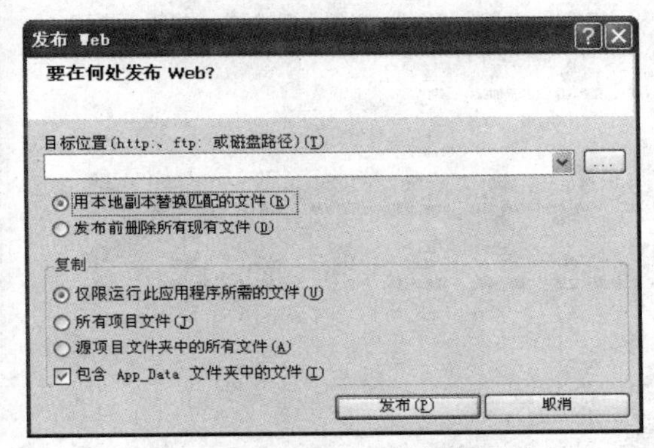

图 13-4　发布 Web 选项

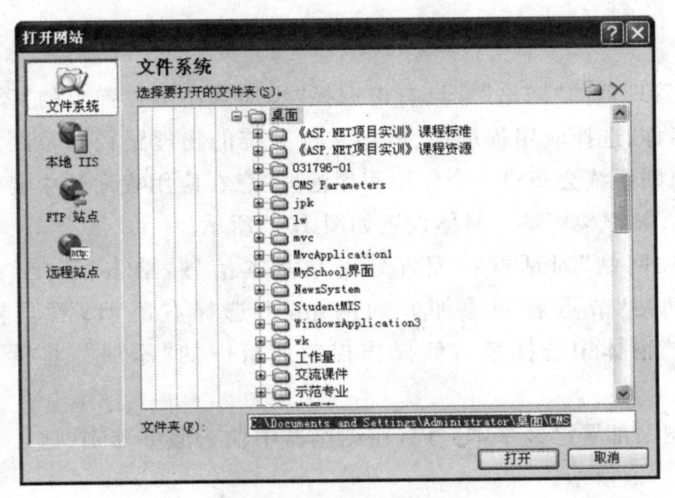

图 13-5　目标位置选择

(4) 选择好位置后，再单击“发布”按钮，在发布路径下就会生成了发布后的文件系统，然后就可以在IIS管理器上进行网站的部署。

任务2　网站部署

把发布后的网站文件系统复制到服务器上并加载到IIS服务中，成为可以让别人通过地址访问的网站系统，脱离编程环境，这就是网站部署。

网站部署的步骤如下。

(1) 打开“控制面板”→“管理工具”中的“Internet信息服务(IIS)管理器”，也就是IIS管理器，如图13-6所示。

图13-6　IIS管理器主界面

(2) 在IIS管理器的“网站”节点右击选择“添加网站”，在弹出的“添加网站”对话框中配置网站的名称、选择应用程序池、网站文件系统的物理路径以及网站端口等。若不选择应用程序池则系统会新建一个应用程序池，注意在应用程序池中要配置网站系统所需要的Framework框架版本。具体设置如图13-7所示。

(3) 在“添加网站”对话框中配置好网站基本信息，单击“确定”按钮后，即可在IIS管理器的“网站”节点看到添加好的网站，再选择右侧IIS管理器中的“默认文档”，在默认文档窗体中选择最右侧操作控制面板中的“添加”，将首页添加进去，如图13-8所示。

(4) 至此，网站部署已经基本完成，在浏览器中输入服务器IP地址和端口号就能打开网站了，如图13-9所示。

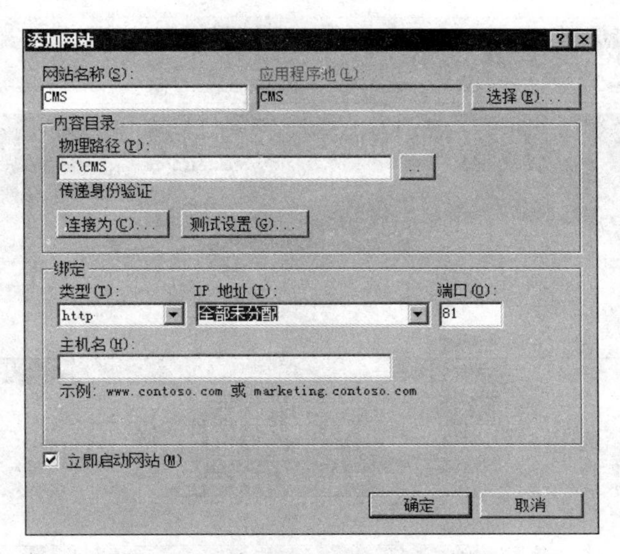

图 13-7 “添加网站”窗体中配置网站基本信息

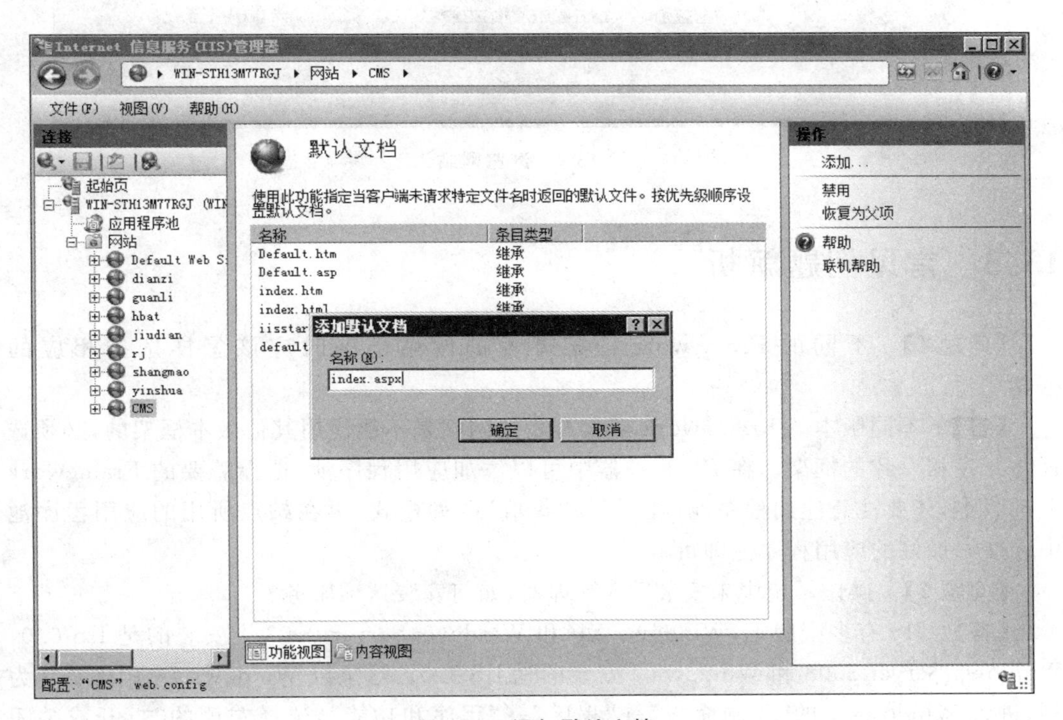

图 13-8 添加默认文档

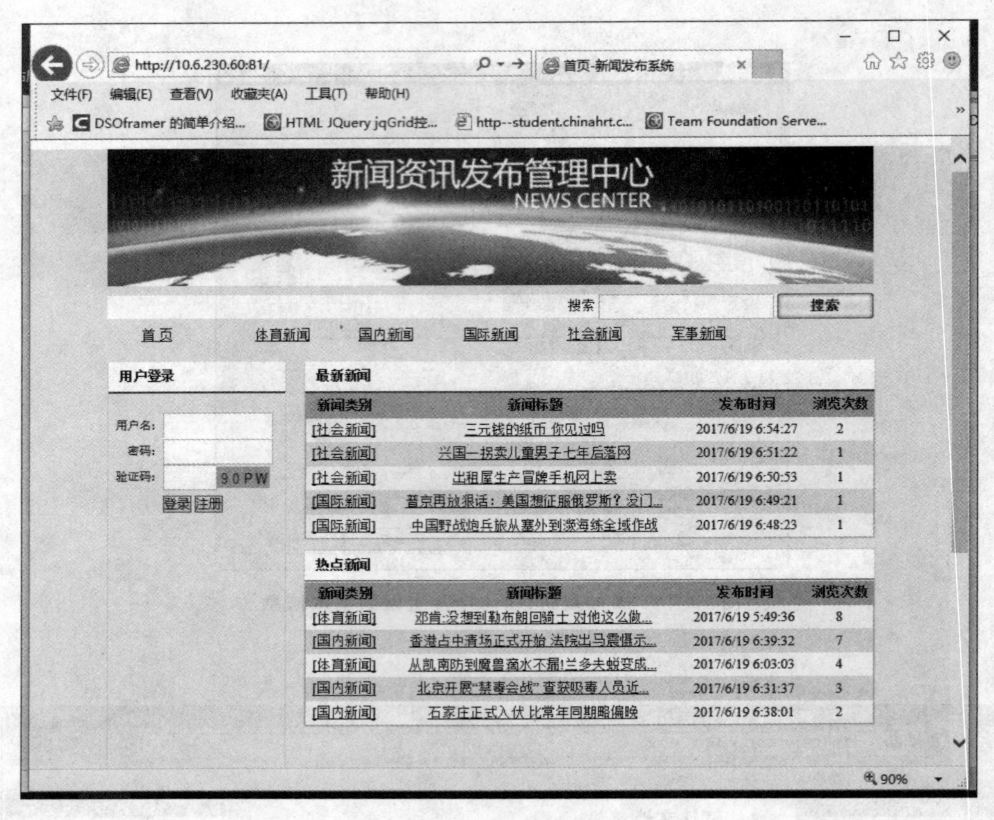

图 13-9 浏览网站

13.3 常见问题解析

【问题 1】 不同的 Framework 框架开发的网站部署时应该怎样选择相应的框架？

【答】 不同版本的 Framework 框架开发的网站是不能使用其他版本框架的，必须选择与开发相一致的框架。在 IIS 管理器中可以添加应用程序池，选择需要的 Framework 框架版本，还要注意应用程序池"经典"和"集成"两种模式，再在站点所用的应用程序池中选择添加好的应用程序池即可。

【问题 2】 操作系统中未安装 IIS 管理器，如何安装这项服务？

【答】 IIS 有多个版本，Windows XP 和 Windows Server 2003 上安装的是 IIS 6.0，Windows Server 2008 和 Windows 7 安装的是 IIS 7.0。这里以 Windows 7 的 IIS 7.0 为例，进入 Windows 7 的"控制面板"→"程序"→"程序和功能"，选择左侧的"打开或关闭 Windows 功能"，这时出现了安装 Windows 功能的选项菜单，如图 13-10 所示，选择"Internet 信息服务"中的项目，最后单击"确定"按钮，安装好组件并重启计算机后，就可以在控制面板的管理工具中看到 Internet 信息服务了。

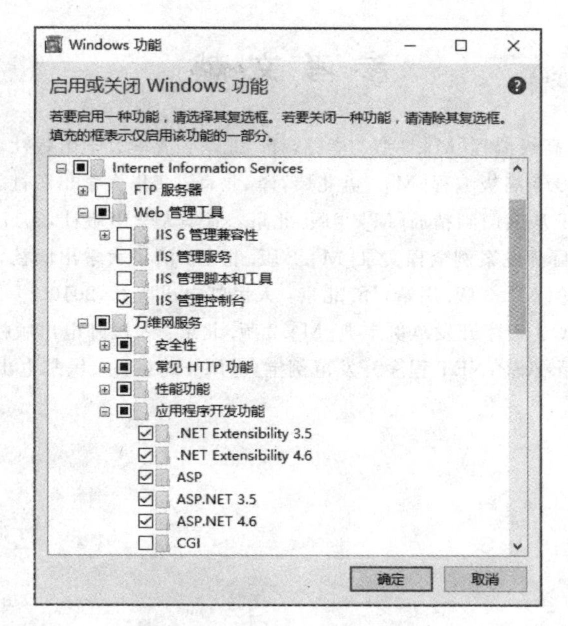

图 13-10 Windows 功能窗口

13.4 拓展实践指导

网站部署完成后，由于新闻发布系统还要使用 SQL Server 数据库。服务器上安装的 SQL Server 数据库实例名和登录名、密码一般都与开发环境不一样，此时请将数据库部署到服务器上，并修改网站的连接字符串，使网站可以顺利连接数据库。

参 考 文 献

[1] 内格尔，埃夫琴．C#高级编程[M]．9版．李铭，译．北京：清华大学出版社，2014．
[2] 约翰逊．ADO.NET 3.5 高级编程[M]．孟兆炜，译．北京：清华大学出版社，2010．
[3] 明日科技．ASP.NET 从入门到精通[M]．4版．北京：清华大学出版社，2017．
[4] 明日科技．.NET 项目开发案例全程实录[M]．2版．北京：清华大学出版社，2011．
[5] 米凯利斯．C#本质论[M]．3版．周靖，译．北京：人民邮电出版社，2010．
[6] 梁冰，吕双，王小科．C#程序开发范例宝典[M]．2版．北京：人民邮电出版社，2013．
[7] 王喜平，于国槐，宋晶．ASP.NET 程序开发范例宝典[M]．北京：人民邮电出版社，2015．